中国石化北京化工研究院科技成果汇编
（2018—2022）

中国石化北京化工研究院　编

中国石化出版社

内 容 提 要

本书重点介绍了中国石化北京化工研究院2018年至2022年期间获得的国家级奖励，中国石化集团公司级奖励，以及全国性行业协会和学会奖励的主要科研成果，以获奖年度为顺序编排，根据研究领域和成果内容，主要分为乙烯技术、催化科学与工程、合成树脂、合成橡胶、合成纤维、有机与精细化工、化工环保、医卫材料、高分子资源化利用、新能源新材料等领域，每项获奖成果包括获奖年度、获奖种类、获奖等级、获奖人员及成果简介等。此外，本书整理汇总了该院建院65周年以来取得的主要省部级以上奖励。

可供化工行业的相关技术人员以及科研人员参考阅读。

图书在版编目（CIP）数据

中国石化北京化工研究院科技成果汇编：2018—2022 / 中国石化北京化工研究院编. — 北京：中国石化出版社，2023.5
ISBN 978-7-5114-7080-5

Ⅰ.①中… Ⅱ.①中… Ⅲ.①石油化工－科技成果－汇编－中国－2018-2022 Ⅳ.①TE65

中国国家版本馆CIP数据核字(2023)第083689号

中国石化出版社出版发行
地址：北京市东城区安定门外大街58号
邮编：100011　电话：（010）57512500
发行部电话：（010）57512575
http://www.sinopec-press.com
E-mail：press@sinopec.com
北京艾普海德印刷有限公司印刷
全国各地新华书店经销
*
710×1000毫米　16开本　15印张　231千字
2023年6月第1版　2023年6月第1次印刷
定价：88.00元

前言
preface

2023年是全面贯彻落实党的二十大精神的开局之年，是实施“十四五”规划承上启下的关键之年，也是中国石化成立40周年、北京化工研究院建院65周年。65年来，在历代科研人员的不懈努力下，北京化工研究院自主创新实力不断增强，在乙烯技术、催化科学与工程、合成树脂、合成橡胶、合成纤维、有机与精细化工、化工环保、医卫材料、高分子资源化利用、新能源新材料领域成功开发了一系列具有国际先进水平的重要科技成果，为国家战略安全和经济建设作出了重要贡献。

截至2022年底，北京化工研究院获得省部级以上奖励491项。受篇幅所限，本书仅收录了2018年至2022年期间北京化工研究院获得的国家级奖励、中国石化集团公司级奖励，以及全国性行业协会和学会奖励的主要科研成果，共79项。全书以获奖年度为顺序编排，在此基础上按照奖项等级进一步分类，每项获奖成果均包含了获奖年度、获奖种类、获奖等级、获奖人员及成果简介等情况。书后附有“获奖成果等级和成果领域索引”，便于读者阅读和检索。

本书编撰工作得到了北京化工研究院领导班子的高度重视，得到了集团公司首席科学家、首席专家、高级专家以及石化出版社领导和编辑的大力支持。编撰过程中，科研人员提供了基础文字和图片材料，多个职能部门参与筛选、提炼及汇总工作。在此，谨向所有关心和支持本书编撰的领导、前辈、专家和同事们致以崇高敬意和衷心感谢。

由于本书涉及内容较广，编撰时间较紧，过程中难免有疏漏和不妥之处，敬请广大读者批评指正。

2023年5月

目录 Contents

2018

2019

2020

2021

2022

2018

中国石化北京化工研究院科技成果汇编（2018—2022）

聚合物及碳作为连续相的负载型催化剂的制备及应用

- **获奖年度**：2018 年
- **奖　　种**：中国石化前瞻性基础性研究科学奖
- **等　　级**：二等奖
- **完 成 人**：鲁树亮　蒋海斌　彭　晖　乔金樑　张晓红　吴佳佳
- **成果简介**：

1. 背景及主要技术内容

以氧化铝、氧化硅、分子筛等氧化物为载体的传统负载型加氢催化剂往往具有载体表面酸性易产生副产物，废弃催化剂回收使用强酸强碱产生环境污染等缺点。本项目采用聚合物加工的方法将聚合物与活性金属复合，得到固定形状和尺寸的催化剂颗粒，并进行了正丁醛加氢、辛烯醛加氢、丙酮加氢、甲烷化、C_4 选择加氢、丁辛醇残液加氢等反应基础研究。试验证明本项目催化剂具有高活性、稳定性和反应选择性易于调控等性能，且催化剂都能通过燃烧除去载体，方便、环保地回收利用活性金属。

2. 创新点 / 技术发明点

取得了三方面核心技术创新与成果：

（1）利用聚合物加工的方法获得了聚合物作为连续相的负载型催化剂，并实现了聚合物表面基团对不同氢化反应选择性的控制。

（2）利用高温碳化的方法获得了碳作为连续相的负载型催化剂，催化剂耐高温、可以减少副反应发生。

（3）开发了碳作为连续相的新型（固定床）雷尼镍催化剂的工业制备方法，

解决了雷尼催化剂难以成型和使用的难题。

3. 本项目知识产权情况、工业应用推广情况及经济、社会效益、意义等

本项目发表学术论文 4 篇，总影响因子超过 18，其中一篇为期刊《Molecules》邀请撰写。论文共被引 21 次，他引 17 次，两次被国际知名期刊《APPL CATAL B-ENVIRON》（影响因子 9.446）引用。已获中国发明专利授权 27 件，国外发明专利授权 3 件。本项目已在山东一化工企业实施，5 m^2 催化剂在 1.5 万 t 丁辛醇残液加氢装置连续运行 5 年。聚合物及碳作为连续相的负载型催化剂的高选择性及易于回收性，提高了化工装置的产品收率、降低分离能耗、减少环境污染，具有良好的经济效益和社会效益。

内给电子体化合物异构体对聚丙烯催化剂性能的影响及原理

- **获奖年度：** 2018 年
- **奖　　种：** 中国石化前瞻性基础性研究科学奖
- **等　　级：** 三等奖
- **完 成 人：** 高明智　李昌秀　刘海涛　王　军　张晓帆　蔡晓霞
- **成果简介：**

1. 背景及主要技术内容

内给电子体在聚丙烯催化剂的发展中起着关键的作用，北京化工研究院从 1998 年开始内给电子体的研发，于 2002 年开发出 1,3- 二醇酯化合物，并以其为内给电子体开发了多系列的具有国际领先水平的聚丙烯催化剂。本项目首次发现聚丙烯催化剂中作为内给电子体的同一化合物中的不同光学异构体对聚丙烯催化剂性能的影响，以及不同化合物的同一种光学异构体对聚丙烯催化剂性能的影响。

2. 创新点 / 技术发明点

取得了两方面核心技术创新与成果：

（1）首次发现同一内给电子体化合物的不同光学异构体所制备的聚丙烯催化剂具有截然不同的性能，将有助于进一步阐明 Ziegler-Natta 聚丙烯催化剂的催化机理及活性中心结构。

（2）发现了内给电子体化合物 1,3- 二醇酯和琥珀酸酯的 (*R*,*S*)/(*S*,*R*) 异构体或 (*S*,*S*)/(*R*,*R*) 异构体对催化剂的活性、立构定向性和氢调敏感性等方面的不同效果，确定了稳定并具有高性能的催化剂中含 1,3- 二醇酯或琥珀酸酯异构体的比例。

3. 知识产权情况、工业应用推广情况及经济、社会效益、意义等

本项目已获得中国发明专利授权 3 件，国外发明专利授权 9 件。本项目首次研究了同一内给电子体化合物不同光学异构体对聚丙烯催化剂性能的影响，并首次提出了稳定并具有高性能的催化剂中所含异构体的比例，将有助于中国石化所生产的含二醇酯的催化剂如 ND 催化剂、HA 催化剂、HAR 催化剂、NDQ 催化剂及 BCZ 催化剂性能的稳定与提高，有助于其应用的进一步扩展及市场竞争力的提高。

ND 催化剂、HA 催化剂、HAR 催化剂、NDQ 催化剂及 BCZ 催化剂均使用二醇酯，这些催化剂目前正在国内的福建联合石化、扬子石化、天津石化等石化企业和美国、俄罗斯、东南亚等国家地区进行工业应用或推广使用，本项目的研究成果有助于其工业应用的进一步扩展和市场竞争力的提高。

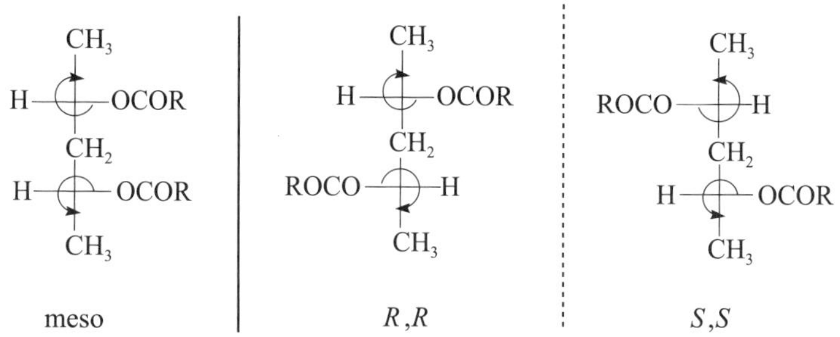

内消旋体结构

淤浆聚乙烯催化剂成型机理

◆ **获奖年度：** 2018 年

◆ **奖　　种：** 中国石化前瞻性基础性研究科学奖

◆ **等　　级：** 三等奖

◆ **完 成 人：** 李秉毅　寇　鹏　马永华　黄　庭　黄廷杰　李　森

◆ **成果简介：**

1. 背景及主要技术内容

北京化工研究院自主开发的 BCE 系列催化剂技术先进，处于世界先进水平，经过多年的开发推广，在 CX、Hostalen 等工艺广泛应用，已占据国内外相当大规模的市场，并广受欢迎。

为了适应市场细分的要求，适应不同工艺和不同产品牌号的要求，本研究以具有完全自主知识产权的 BCE 系列催化剂为平台，对氯化镁溶解过程和催化剂成形过程进行深入研究，并且以此为基础，寻找改善催化剂颗粒形态和粒径分布的方法。这不仅对 BCE 催化剂改进做出技术支持，还可为后续催化剂的开发提供技术储备。

2. 创新点 / 技术发明点

取得了三方面技术创新与成果：

（1）建立起液体核磁与动态光散射组合对于原料溶解过程的表征方法，首次确认了溶解过程中发生的全部化学反应和物理变化。

（2）首次确定 BCE 催化剂制备中的溶解体系为微晶悬浮和自组装聚集体共

存的分散体系，这一发现改变了之前对 BCE 催化剂完全溶解的传统认知。

（3）首次实现对催化剂析出过程的原位取样和全过程跟踪观测，确认了 BCE 催化剂的析出过程为微晶堆积。

3. 知识产权情况、工业应用推广情况及经济、社会效益、意义等

本项目已获得 19 件中国专利授权，形成了完整自主知识产权。我国近年新建在建聚乙烯生产装置，淤浆聚合工艺将以 Hostalen 釜式工艺装置为主，全部投产后，对钛系淤浆聚合催化剂的需求量将达到 500 t/a，市场前景广阔。

现有淤浆聚合工艺聚乙烯催化剂主要以溶解析出方式制备，因此溶解体系是催化剂研发的基础。本研究对催化剂的溶解过程和析出成型机理进行深入研究，掌握催化剂成型规律和影响因素，为改进现有催化剂和开发新一代催化剂提供理论基础和技术储备，有助于推动聚乙烯催化剂的技术进步。

丁基橡胶分子调控机制及工业化生产关键技术开发

◆ **获奖年度：** 2018 年

◆ **奖　　种：** 中国石化技术发明奖

◆ **等　　级：** 二等奖

◆ **完 成 人：** 邱迎昕　龚惠勤　张　雷　邓征威　高　晟　王丽丽　孟伟娟　王连群

◆ **成果简介：**

1. 背景及主要技术内容

硫化胶囊是丁基橡胶重要的高端应用领域之一，是轮胎硫化定型用的内支撑模具。硫化胶囊的使用条件极为苛刻，需要经受过热水、蒸汽或氮气等介质的不断交换，在高温高压条件下进行多次脉冲和长期反复的充气膨胀和排气收缩变形，因此要求其具有耐高温、高强度、高伸张、低扯断永久变形等优异的物理机械性能。国产通用产品由于性能不足，制品使用寿命低而无法进入该领域。

本项目采用大分子长链支化技术，综合运用分子结构设计与生产工艺调控技术，可以生产出综合应用性能更优异的硫化胶囊用低不饱和度高分子量星形支化丁基橡胶产品，且只需要在现有工业装置上进行简单的工艺改造即可实现。其与用户普遍使用的阿朗新科公司 IIR301 产品相比，具有更快的门尼松弛性能、更低的挤出胀大行为，硫化橡胶具有更好物理机械性能和抗热氧老化性能，制作的硫化胶囊具有更高使用寿命和耐气体渗透性能。

2. 创新点 / 技术发明点

取得了四方面核心技术创新与成果：

（1）国内外首创发明了低不饱和度高分子量星形支化丁基橡胶产品。

（2）综合运用大分子原位支化技术，分子结构设计集成性能技术，结合不饱和度、分子量及其分布生产调控技术，开发出低不饱和度高分子量星形支化丁基橡胶的工业化生产技术。

（3）新产品具有更优异的混炼加工和成型定型性能，且多项性能指标达到国际领先水平，尤其是应力松弛性能、离模膨胀率、抗热氧老化性能以及耐气体渗透性能。

（4）在高温高压条件下，制作的硫化胶囊的使用寿命比进口产品提高 20% 以上。

3. 本项目知识产权情况、工业应用推广情况及经济、社会效益、意义等

本项目已获得中国发明专利授权 10 件。本项目试生产的新产品经过在内胎、半钢胎胶囊和全钢胎胶囊领域多批次应用评价，显示出更加优异的混炼加工性能、物理机械性能、抗热氧老化性能以及耐气体渗透性能，且硫化胶囊使用寿命也明显优于进口产品，得到用户高度评价。新产品相继通过了山西西水永一、天津大津、南京亚通以及浙江华和等胶囊生产企业的准入，为产品批量投放市场并顶替进口产品、打破进口垄断奠定了良好的基础。

(a) S-ⅡR1451 实验胶囊使用589次内表面1

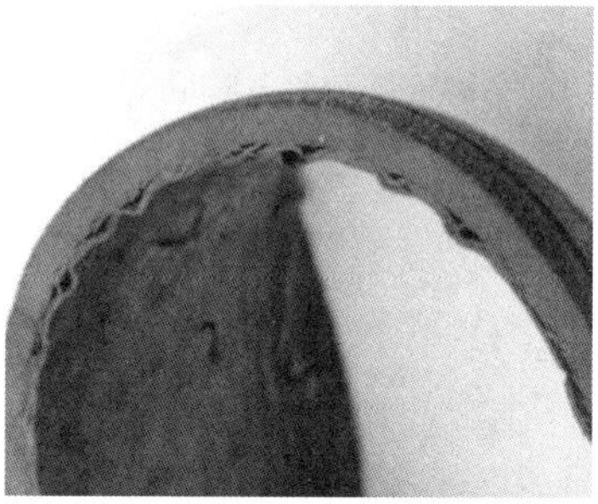

(b) S-ⅡR1451 实验胶囊使用589次内表面2

星形支化丁基橡胶 S-ⅡR1451 在硫化胶囊领域应用评价

YS-9010 银催化剂的工业开发及应用

- **获奖年度：** 2018 年
- **奖　　种：** 中国石化科技进步奖
- **等　　级：** 二等奖
- **完 成 人：** 汤之强　刁春霞　许岩峰　尹国海　李金兵　王忠良　陈建平　张　锋　林　强　陈　俊　马银陈　孙欣欣　周　铭　王　辉　任冬梅
- **成果简介：**

1. 背景及主要技术内容

在乙烯的下游衍生物中，环氧乙烷 / 乙二醇（EO/EG）是为数不多的仍在高速发展的产业，特别是在中国和中东地区。银催化剂作为乙烯氧化制环氧乙烷的唯一催化剂，市场前景可观，当前全球 EO/EG 装置银催化剂装填量约 20000 m^3，未来五到十年很可能达到 30000 m^3 规模。在 EO/EG 生产中，乙烯成本占八成左右，要提高装置市场竞争力，采取性能优异的高选择性银催化剂是首要选择。

目前全球掌握高选择性银催化剂技术的公司主要有英荷壳牌公司（SHELL）、美国陶氏（DOW）、美国科学设计（SD）以及中国石化四家公司。牌号有 SHELL 公司的 S-888、S-889、S-891 等，DOW 公司的 M-200、M-2000，SD 公司的 S-400-8、S-400-9 以及中国石化的 YS-8810 银催化剂。YS-8810 银催化剂已经在上海石化 EO/EG 装置上成功使用了三批次，催化剂最高选择性超过 89%。经过改进和发展，实验室已经成功研制出最高选择性达到 90% 以上，平均选择性达 88%、比 YS-8810 银催化剂选择性高出约 1% 的 YS-9010 银催化剂，是市场急需的高选择性银催化剂。

2. 创新点 / 技术发明点

取得了三方面核心技术创新与成果：

（1）配方中适量增加了助剂 R 的含量，使选择性进一步上升，由于 R 助剂会导致稳定性降低，因而在载体中添加了 G 助剂，提高了银催化剂的稳定性。

（2）优化了催化剂运行过程中关键工艺条件的控制规律和调变手段，在催化剂的初期选择性更快速地提高的同时，保证了装置在全生命周期获得更高的平均选择性。

（3）活性优于国外同类催化剂，初始反应温度比国外同类催化剂低约 20℃，乙二醇产品质量优于国外同类催化剂，工艺循环水水质较好。

3. 本项目知识产权情况、工业应用推广情况及经济、社会效益、意义等

本项目已获得中国发明专利授权 5 件。截至 2023 年 3 月，累计生产和销售 YS-9010 银催化剂十批共 1750 t，是 YS 系列银催化剂最佳销售品种。YS-9010 的工业应用提高了中国石化在银催化剂方面的整体实力，打破了国外垄断，扩大了市场占有率，有利于更好地为中国石化系统内和系统外高选择性银催化剂用户服务，创造更大的经济效益和社会效益。

图 1　YS-9010 催化剂

图 2　中科炼化 25 万 /40 万 t/a EO/EG 装置

高效节能碳二回收成套技术开发

- **获奖年度：**2018 年
- **奖　　种：**中国石化科技进步奖
- **等　　级：**二等奖
- **完 成 人：**李东风　蔡文军　陈金表　吴长江　过　良　齐东峰　李　琰　陈　忠　刘智信　王　婧　马文山　谢卫东
- **成果简介：**

1. 背景及主要技术内容

炼油厂干气主要源于原油的二次加工过程，如催化裂化、热裂化、延迟焦化、加氢裂化等，其中，焦化干气中乙烯含量约为 2%，乙烷含量约为 20%，还含有丙烯、丙烷等烯烃、烷烃。目前，我国大部分炼油厂仍将炼油厂干气作为燃料气烧掉，造成极大的资源浪费和环境污染。回收干气中的轻烃资源，可以发挥炼化一体化的优势，优化乙烯原料，增加乙烯产量，降低乙烯成本。

本项目在浅冷油吸收法基础上，针对炼油厂干气的特点进行了改进，充分利用炼油厂低品位热源，可用热油为热源，优化工艺参数及换热网络等，在提高碳二回收率的同时，降低了产品气中的甲烷含量，有效降低了乙烯装置的生产成本，装置投资少，运转稳定。

2. 创新点 / 技术发明点

取得了四方面核心技术创新与成果：

（1）针对炼油厂干气的特点，在浅冷油吸收法基础上，开发了高效节能碳二回收成套技术，应用领域从处理催化干气拓展到包括催化、焦化、轻烃干气及PSA解吸气等，碳二回收率高，甲烷含量低，C_2^+馏分含量高，为乙烯装置提供优质原料。

（2）原料为饱和气体时，得到的富乙烷气中杂质含量低，无须脱氧、脱NO_x等净化步骤，直接送至乙烯装置的裂解炉，流程简单，能耗低。

（3）利用炼油厂富余的热水，通过溴化锂吸收式制冷提供5℃冷量，利用炼油厂大量热油，优化工艺参数及换热网络等，节能效果明显。

（4）原料为不饱和气体时，碳二提浓气经粗分得到富乙烯气和富乙烷气，分别送至乙烯装置的脱甲烷塔和裂解炉，有效降低乙烯装置能耗。

3. 本项目知识产权情况、工业应用推广情况及经济、社会效益、意义等

本技术已累计许可20余套装置，并在齐鲁石化、福建联合石化、燕山石化、茂名石化、浙石化、广东石化、中化泉州、中科炼化等多家企业稳定运行，累计创造经济效益10亿以上。该国产化成套技术的开发，使中国石化的炼油厂干气回收技术的开发、工程设计、开车运行等水平达到一个新的高度，将炼油厂干气回收技术的应用领域从催化干气的回收拓展到了焦化干气、常减压蒸馏干气、加氢干气及轻烃干气等各种炼油厂干气的回收，甚至对煤化工副产干气等都具有良好的适用性，为各类干气有效利用提供了经济实用的技术路线，可高效地回收其中的碳二资源，在优化乙烯原料结构的同时，可节约大量的裂解轻质油，大幅度提高企业经济效益，满足资源再生利用和环经济的需求。

齐鲁石化焦化干气回收装置

两项熔融色度 ASTM 标准制修订

- **获奖年度**：2018 年
- **奖　　种**：中国石化科技进步奖
- **等　　级**：二等奖
- **完 成 人**：刘泽龙　高　静　黄　煜　宋春侠　祝馨怡　高　昂　刘慧敏　刘颖荣　杨婷婷　李红玉　薛燕波　徐广通
- **成果简介**：

1. 背景及主要技术内容

随着环保法规的日趋严苛以及生物柴油等可替代能源的广泛使用，柴油和生物柴油调和燃料中的芳烃、多环芳烃和脂肪酸甲酯含量的准确测定成为油品生产和环境保护的迫切要求。

顺丁烯二酸酐、邻苯二甲酸酐、苯酚、双酚 A（BPA）、精己二酸（PTA）、偏苯三酸酐等固体化工原料，是中国石化生产和采购的重要化工产品。这六种固体化工产品标准中都设置了熔融色度指标，熔融色度是化工产品质量控制的重要指标之一，通常可用于初步判断产品中杂质的含量、种类等，具有直观性、可靠性。

目前国内外广泛采用的熔融色度的测试方法目视法存在精密度偏低等问题，以仪器法逐步替代人工操作目视法的要求日益迫切。本项目开展了基于三刺激值原理仪器法测定熔融色度及优化目视法的研究，以开发顺丁烯二酸酐熔融色度测定方法为开端，进而将方法扩展到双酚 A、苯酚、邻苯二甲酸酐、精己二酸、偏苯三酸酐等相关的固体有机化工产品。为进一步制定 ASTM、ISO 等标准体系中固体有机化工产品熔融色度测定的通用方法标准打下坚实的基础。

2. 创新点 / 技术发明点

取得了五方面技术创新与成果：

（1）开发了实现中间馏分油中饱和烃、芳烃和脂肪酸甲酯组分高效分离的固相萃取新技术。

（2）在利用内标气相色谱法对中间馏分油组分定量时，首次提出内标传递的概念，有效减小了系统误差的影响，提高定量结果的准确性。

（3）首次建立了以仪器法测定固体化工产品熔融色度的标准方法，设计了配套的加热保温装置，提高了检测的便捷性和安全性。

（4）优化了目视法测定化工产品熔融色度的方法，改进了目视比色装置，解决了目视法检测精度低的难题，并降低了对人身伤害的风险。

（5）成功制定了 3 项 ASTM 国际标准，扩大了我国石油化工产品分析技术的国际影响力，使中国石化方法标准走向世界。

3. 知识产权情况、工业应用推广情况及经济、社会效益、意义等

中间馏分油中饱和烃、芳烃和脂肪酸甲酯组分的分离测定方法实用性强，2005 年，该方法成为我国石化行业标准（SH/T 0606—2005）中的首选分离方法，2015 年，该方法成为国家标准（GB/T 32384—2015），目前已在国内 300 余个炼油企业、销售公司和质检部门得到应用，在柴油和生物柴油调和燃料的生产以及质量控制中发挥了重要的作用，在行业内具有较大的影响力，取得了良好的经济效益和社会效益。

针对化工产品熔融色度测定的两种方法已被仪征化纤、宁波浙铁江宁、山东齐翔、山西侨友、唐山华熠等企业用于数十万吨化工产品的分析检验中。国家基本有机原料质量监督检验中心、泰州市产品质量监督检验院、江苏省产品质量检验研究院等权威检测机构也应用上述方法进行了相关样品检验检测工作。检测结果表明两种方法都能够满足样品色度的检测需求，数据准确可靠，操作简便，具有良好的应用及推广前景。

试验场景

聚丙烯制品收缩变形研究及低翘曲高韧树脂工业技术开发

- **获奖年度：** 2018 年
- **奖　　种：** 中国石化科技进步奖
- **等　　级：** 三等奖
- **完 成 人：** 邹发生　洪华平　谢维新　宋文波　初立秋　孟鸿诚　周小群　赵小平　李　娟
- **成果简介：**

1. 背景及主要技术内容

聚丙烯材料因具有相对密度小、良好的力学性能及加工性能、较高的耐热性和耐化学腐蚀性，已广泛应用于汽车、电子电器、医用材料、建筑材料和食品包装等领域。然而，作为结晶型聚合物，结晶后的聚丙烯密度增加、体积缩小，因此收缩和变形是聚丙烯注塑加工中最易出现的质量瑕疵。收缩是因为结晶型聚合物在退火冷却过程中产生部分结晶所致，与聚合物分子结构、助剂体系、加工条件等相关。在某些情况下，制品冷却后还会产生翘曲变形，影响其使用。

本项目研究发现了聚丙烯制品收缩变形的机理，发现纵横向收缩率不同是翘曲的主要原因，而收缩率的不同在很大成程度上是由于使用了针状成核剂的缘故。在此基础上，优选了一类片状成核剂，结合催化剂体系和聚合工艺优化，开发了一类低翘曲、高刚韧聚丙烯树脂，并实现其大规模产业化和应用。此外，材料还具有低 VOC 的特征，经济效益显著。

2. 创新点 / 技术发明点

取得了三方面技术创新与成果：

（1）优选了一种纵横向收缩率控制的助剂配方。研究表明片状成核剂在很少的添加量下就能实现高流动聚丙烯收缩率各向异性的控制，有效解决了制品翘曲问题。

（2）通过共聚少量乙烯单体，控制了聚丙烯理想的等规度分布，进而控制了聚丙烯的收缩率，并提升了韧性。

（3）开发了 M60ET、PPR-M55-S 等 2 个低翘曲高韧注塑聚丙烯树脂新产品。具有低气味、低收缩、高流动、高刚性等特点，在食品餐盒、聚丙烯改性等领域推广应用。

3. 知识产权情况、工业应用推广情况及经济、社会效益、意义等

本项目已获得 2 件中国专利授权，形成了完整自主知识产权。该技术于 2016 年开始在镇海炼化、茂名石化工业化应用，共开发了 2 个低翘曲高韧聚丙烯新牌号，均已取得食品卫生、FDA、RoHS（在电子电气设备中限制使用某种有害物质指令）等认证，新产品在金华市豪业塑料包装厂、宁波文华塑业有限公司、江阴市环亚塑业有限公司、上海瑞龙卫生用品有限公司、上海金发科技股份有限公司、茶花现代家居用品股份有限公司等国内十多家知名企业进行应用，经过厂家严格的质量检测和试制加工，认为本项目所开发的产品具有低翘曲、低气味、高刚高韧等特点，性能优于国内同类产品，可广泛用于食品餐盒、聚丙烯改性等诸多领域，经济效益和社会效益显著。

M60ET、PPH-M55-S 等用于一次性餐盒

低滚阻高耐磨轮胎胎面用溶聚丁苯橡胶工业技术开发及推广应用

- **获奖年度：** 2018 年
- **奖　　种：** 中国石化科技进步奖
- **等　　级：** 二等奖
- **完 成 人：** 王　雪　管建主　陈家辉　徐　林　徐　炜　张忠军　王丽静　周恩余　齐玉霞　朱晓光　姜　科　卢　青
- **成果简介：**

1. 背景及主要技术内容

伴随着轮胎标签法和相应法规的出台实施，溶聚丁苯橡胶已成为国内外轮胎生产线上广泛应用的胎面用合成橡胶。与乳聚丁苯相比，溶聚丁苯可以在更大的范围内调节苯乙烯、乙烯基含量等分子构型比例，可以通过分子偶联、端基官能化等分子改性技术降低胶料分子链自由末端数量，改善胶料的滞后生热性能，更好地实现胶料应用于胎面胶中的滚动阻力和抗湿滑性能的平衡，获得更高等级、更环保和更安全的轮胎产品。本项目瞄准重卡、大型客车用全钢子午线轮胎和轿车用冬季胎、四季胎对低滚阻、高耐磨和耐低温性能的升级需求，完成低滚阻高耐磨轮胎胎面用溶聚丁苯橡胶工业技术开发及推广应用。本项目所提供的低滚阻高耐磨轮胎胎面用溶聚丁苯橡胶技术可直接应用于中国石化现有锂系间歇生产装置，解决装置产能过剩的“瓶颈”问题。

2. 创新点 / 技术发明点

取得了四方面核心技术创新与成果：

（1）阐明了苯乙烯单元在共聚物高分子链中序列分布的关键作用及苯乙烯微嵌段含量控制技术，实现了低乙烯基含量下苯乙烯序列分布及微嵌段含量的控制。

（2）采用活性链端 arm-first 合成技术，建立了具有不同官能化基团及支化分子链结构的高分子链改性技术。

（3）综合运用多重结构单元协同调控技术，创制出对炭黑具有优异分散性的低结苯、低乙烯基溶聚丁苯橡胶（SSBR），完成了规模化生产技术集成创新。

（4）根据填料分散与界面调控原理，探明了橡胶结构及性能之间的响应关系，完成了低滚阻高耐磨轮胎胎面用复合材料配方技术开发。

3. 本项目知识产权情况、工业应用推广情况及经济、社会效益、意义等

本项目已获得中国发明专利授权 2 件。产品的低滚动阻力性能和耐磨性能优异，实现了低滚阻高耐磨的设计目标。产品可在全钢载重子午线轮胎胎面中部分替代天然橡胶，与全部使用天然橡胶相比，并用后胎面胶的耐磨性能更优。同时可在半钢胎领域冬季胎和四季胎中部分替代中高乙烯基溶聚丁苯橡胶或顺丁橡胶，具有广阔的市场应用前景。本项目通过自有技术开发出顺应国内市场需求的低滚阻高耐磨轮胎胎面用溶聚丁苯橡胶，同时开发出适应该胶种的加工配合技术并推动该产品在国内市场的推广应用，对中国石化合成橡胶产品系列化、高端化，以及对丁苯橡胶（SBS）装置闲置产能的转型利用，具有重要意义。

图 1　低滚阻高耐磨轮胎胎面用溶聚丁苯橡胶产品

图 2　获奖证书

PE 管材专用料耐慢速开裂性能快速评价技术

◆ **获奖年度：**2018 年

◆ **奖　　种：**中国石化科技进步奖

◆ **等　　级：**三等奖

◆ **完 成 人：**杨化浩　胡孝义　淳于宏源　管炳伟　孙　晋　者东梅　朱天戈　武　鹏　刘志伟

◆ **成果简介：**

1. 背景及主要技术内容

聚乙烯管材在使用中最为关注其长期寿命，影响其寿命的最重要参数之一就是耐慢速开裂性能。针对聚乙烯管材的耐慢速开裂性能已开发出了多种评价方法，如切口管试验、宾夕法尼亚缺口拉伸、锥体试验等。这些方法在一定程度上满足了对耐慢速开裂性能的评价需求，但是随着新型聚乙烯管材专用料产品的不断出现，这些方法逐渐开始变得不能满足需求，主要表现在评价周期过长、试验样品用量大、不能用于研发阶段的性能评价和生产过程中的质量控制。

本项目开发了聚乙烯管材料耐慢速开裂性能快速评价技术，将试验周期由一年缩短至一周，加快了中沙（天津）石化管材专用料开发进度并成功推向市场，解决了生产过程中长期性能质量控制难的问题。

2. 创新点 / 技术发明点

取得了四方面技术创新与成果：

（1）开发了聚乙烯管材料耐慢速开裂性能快速评价技术，建立了应变硬化模量试验方法和全缺口蠕变试验方法，将试验周期由一年缩短至一周。

（2）将评价技术用于中沙（天津）石化管材专用料开发，缩短了研发周期，并将专用料成功推向市场。

（3）快速评价技术用料少，精度高，制样简便，解决了聚乙烯管材料长期性能质量控制难的问题。

（4）作为主要技术单位起草制定了全缺口蠕变试验法国标 GB/T 32682—2016。

3. 知识产权情况、工业应用推广情况及经济、社会效益、意义等

本项目已获 3 件中国专利授权，形成了完整自主知识产权。利用本项目建立的评价方法持续为国内外各主要 PE 管材专用料和管材生产厂家产品提供检测服务，全面评价了市场中各类 PE 管材专用料的各项性能，为评价方法的国家标准制修订工作积累了大量数据，奠定了基础。已为近百家企业提供耐慢速开裂性能评价报告 1000 余份，得到了行业内生产企业及下游用户的普遍认可。全缺口蠕变试验法国标 GB/T 32682—2016 已经颁布实施，应变硬化模量试验法国标已经立项。新方法大幅缩短了 PE 管材专用料开发周期，为促进国内管材料升级换代和保障管道工程质量提供了高效准确的评价技术。

模量检测设备

胜利油田稠油采出液集输成套处理技术研究及应用

◆ **获奖年度：**2018 年

◆ **奖　　种：**中国石化科技进步奖

◆ **等　　级：**三等奖

◆ **完 成 人：**徐　伟　王光卿　侯丹丹　董　明　张天宇　王宝生　陈锡荣　陈　鲁　白　杰

◆ **成果简介：**

1. 背景及主要技术内容

随着石油工业迅速发展、采油技术不断强化，采出液组成和结构也发生了变化，特别是 20 世纪末，“三采”技术的实施、重质油的开采都要求开发新型采出液集输处理技术，以适应油田建设发展的需要。

本项目根据油水分离作用机理，针对胜利油田河口采油厂稠油物性和含油污水特点，完成新型非聚醚型破乳剂及含疏水基团阳离子型反相破乳剂的分子设计合成。基于新型高效的药剂完成集输生产工艺流程的优化改进，形成了油田稠油采出液油水分离处理的成套技术。

2. 创新点 / 技术发明点

取得了三方面技术创新与成果：

（1）通过分子设计，创新地采用乳液聚合方式，以丙烯酸和丙烯酸酯为骨架，引入苯环基团，并通过微交联技术，开发了一种具有长链支化结构的新型非聚醚型破乳剂。破乳剂稳定高效，成本较低，安全环保。

（2）针对二元驱见聚污水，通过分子设计，在高分子链段中引入阳离子基团和疏水基团，采用水溶液胶束聚合方式，开发了一种结构和性能可控的新型高效反相破乳剂。反相破乳剂绿色环保，处理成本低，破乳后水质稳定。

（3）结合药剂特点完成稠油采出液集输处理现场工艺流程优化改进，简化了生产工艺，降低了能耗和设备负荷，节约了大量生产成本，解决了现场安全隐患和重大难题。

3. 知识产权情况、工业应用推广情况及经济、社会效益、意义等

本项目已获 18 件中国专利授权，形成了完整自主知识产权。新型非聚醚型破乳剂在胜利油田河口采油厂陈庄联合站完成现场应用，结果表明非聚醚型破乳剂对陈庄稠油有较好的破乳脱水效果，试验期间外输油平均含水量为 1.96%，且非聚醚型破乳剂与现场药剂有较好的配伍性，进行复配时，外输油平均含水量为 1.85%，效果更佳。新型含疏水基团阳离子型反相破乳剂在胜利油田河口采油厂埕东联合站和陈庄联合站完成现场应用，结果表明反相破乳剂具有较好的破乳脱油效果，试验期间外输水含油量平均小于 30 μg/g，机械杂质平均小于 10 μg/g，净水效果明显。该项成果应用期间，在简化工艺、节能降耗、增油增产等方面均发挥重要作用，全年共可增加经济效益 3700 余万元，具有较高的推广应用价值。

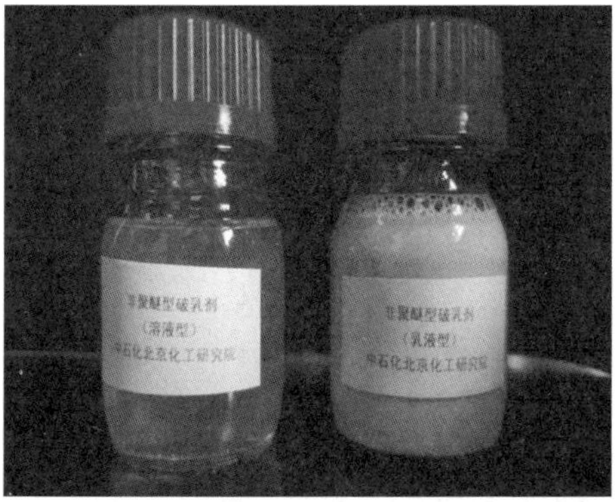

新型非聚醚型破乳剂产品

石化企业废水及循环水中 VOCs 组学研究与应用

- **获奖年度：** 2018 年
- **奖　　种：** 中国石化科技进步奖
- **等　　级：** 三等奖
- **完 成 人：** 侯秀华　张建华　许树华　陈　俊　栾金义　刘新友　赵　鹏　张　宾　常　田
- **成果简介：**

1. 背景及主要技术内容

2013 年国务院发布了《大气污染防治行动计划》，提出要推进挥发性有机物（VOCs）污染治理，在石化、有机化工、表面涂装等行业实施挥发性有机物综合整治。中国石化为了贯彻落实国家的法律法规，制定了《石化行业 VOCs 污染源排查工作指南》，并特别要求实现企业 VOCs 排放情况“可监测测量、可计算报告、可验证核查、可公示公开”，最终指导企业及政府监管部门 VOCs 污染控制。废水和循环水作为 2 个重要的 VOCs 源项，其对中国石化的各个企业 VOCs 排放总量贡献显著，为了真实反映废水和循环水中 VOCs 实际的排放情况，迫切需要建立分析方法和组学研究。同时，由于 VOCs 包含烃类、醛酮类、酯类、醇类等多种组分。其在不同排放源中贡献率不同，源成分谱可以表征各排放源的 VOCs 化学组成和各组分排放相对贡献，是识别排放源、示踪 VOCs 和估算 VOCs 反应活性的重要信息。石化企业废水和循环水作为 VOCs 的 2 个源项，其研究较少，建立测定方法研究成分谱谱学是急需解决的问题。

本项目通过建立石化企业废水和循环水中总挥发性有机物以 POC（可吹扫

有机物）为代表的分析方法，测定循环水回水、供水和污水处理场重点处理单元进口和出口废水中的 POC 值，利用物料衡算法计算各源项 VOCs 排放总量，服务于中国石化 VOCs 总量核算工作。

2. 创新点 / 技术发明点

取得了三方面核心技术创新与成果：

（1）开发了石化企业循环水及废水中总挥发性有机物的分析方法 (以 POC 表示)。

（2）在国内首次建立石化行业废水处理及循环水系统中挥发性有机物（POC）排放总量与 COD、石油类的相互关系数学模型。

（3）剖析了废水和循环水特征挥发性有机物，研究了石化行业循环水和废水中的 VOCs 组学，在国内首次建立中国石化企业废水和循环水中主要挥发性有机物成分谱。

3. 本项目知识产权情况、工业应用推广情况及经济、社会效益、意义等

本项目采用顶空－便携气质联用建立循环水和废水中 VOCs 的分析方法，开展 VOCs 组学研究，填补了我国在石化行业废水和循环水中 VOCs 源成分谱研究空白，为 VOCs 防治管控提供数据支撑。通过对广州石化、茂名石化、武汉石化等 9 家企业开展的废水及循环水中 VOCs 测定，建立了废水和循环水中关于 COD、石油类和 POC 关系模型，为企业估算 POC 量建立了一种简便方法，为无组织排放源 VOCs 的管控提供技术支撑。

在天津石化循环水场取样

中国石化合成树脂产品质量稳定性评价体系建立及应用推广

◆ **获奖年度：** 2018 年

◆ **奖　　种：** 中国石化科技进步奖

◆ **等　　级：** 三等奖

◆ **完 成 人：** 时　光　于士如　王超先　张金萍　范　军　张　雷　邓燕霞　郭　曦　唐　斌

◆ **成果简介：**

1. 背景及主要技术内容

国内合成树脂产品市场对产品质量的要求日益提升，不断提升产品的质量进而提升市场竞争力是中国石化合成树脂产品技术攻关的工作重点，而提高合成树脂产品批次间稳定性是提升产品质量的主要工作之一。下游客户对产品质量好坏的重要评价就是产品的稳定性，稳定性差就是“合格不好用”的原因之一。

本项目通过采用从国内市场上抽样的方式，评价合成树脂产品的实物质量和批次间稳定性情况，目标是以量化的形式客观体现中国石化产品的稳定性状况以及在市场上所处的实际水平，为企业质量攻关和产品研发提供有力依据，最终为设计和构建合成树脂重点牌号质量数据库奠定基础。

2. 创新点 / 技术发明点

取得了两方面技术创新与成果：

（1）从组织机构等方面独创了中国石化合成树脂产品质量稳定性评价体系，开创性地建立了以量化的变异系数为核心的产品质量稳定性评价方法，实现了评价工作程序化和结果评价模块化，完成了对国内外厂家产品稳定性的综合评价。经验证，结果能客观反映质量稳定性状况及与国内外同类产品的差异情况。

（2）该评价体系得出的评价结论能很好地为市场销售、新产品开发和企业质量提升等工作提供量化的技术支撑，并经过推广应用证明其效果良好。

3. 知识产权情况、工业应用推广情况及经济、社会效益、意义等

本项目成果已经应用在市场分析、产品销售、生产控制、质量攻关等领域。各应用单位普遍反映该评价结果信息全面、针对性强，对实际工作有很好的指导作用，为中国石化合成树脂产品的质量提升、更好地服务市场提供技术支撑。

2019

中国石化北京化工研究院科技成果汇编（2018—2022）

聚合物分离膜分子结构调控与结构性能研究

- **获奖年度：** 2019 年
- **奖　　种：** 中国石化前瞻性基础性研究科学奖
- **等　　级：** 二等奖
- **完 成 人：** 张　杨　潘国元　刘轶群　郭　敏　于　浩　姚雪容
- **成果简介：**

1. 背景及主要技术内容

聚合物分离膜材料因其具有高效的分离性能，被广泛应用在硬水软化、有机物分离及浓缩、海水及苦咸水淡化、工业废水处理等领域。国内虽然也有相应的水处理分离膜产品，但在耐强酸 / 强碱、耐活性氯、耐有机污染以及耐生物污染的分离膜产品领域，我国尚属空白。本项目从分离膜的结构与性能关系入手，通过理论研究、结构设计、工艺优化等一系列工作，发明了在强酸或强碱介质中长期稳定运行的新型水处理分离膜，发明了耐活性氯及耐污染的含微纳结构的“三明治”型分离膜，发明一步离子螯合技术以及表面支化技术提高膜的耐污染性，发明了具有长期抗菌和抑菌效果的聚酰胺分离膜，发现了聚酰胺分离层的空腔结构以及形成机理，建立了聚酰胺分离层的渗透与分离理论模型，最终形成具有自主知识产权的系列技术方案，打破了国外公司的技术垄断。

2. 创新点 / 技术发明点

取得了五方面核心技术创新与成果：

（1）发明了有机 – 无机杂化技术，通过溶胶 – 凝胶、涂覆以及表面亲水改性

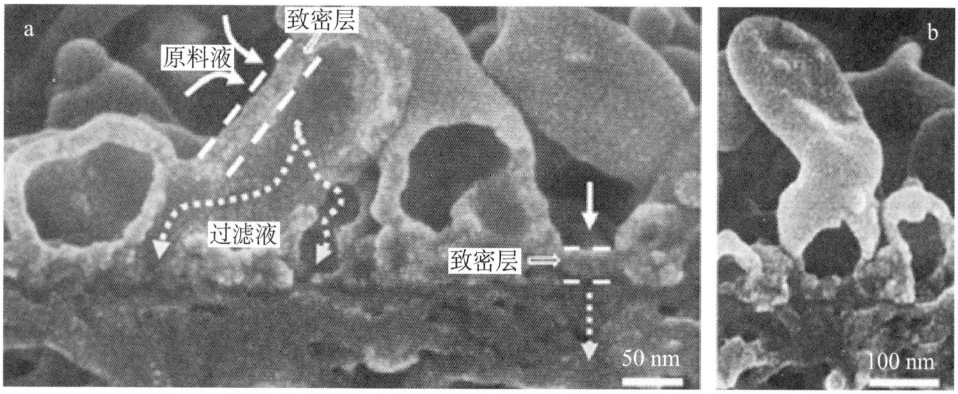

图 1　聚酰胺层的断面 SEM 照片：（a）真实的聚酰胺分离层厚度 20nm 左右；（b）聚酰胺突起结构的内部空腔

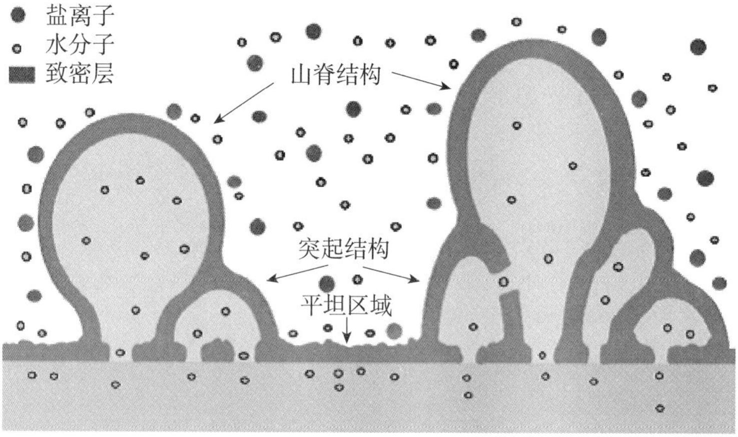

图 2　聚酰胺分离膜的过滤模型

等一系列独特工艺，制备了具有耐酸 / 碱性的复合纳滤膜产品。

（2）发明了具有“三明治”结构，且表面被交联聚乙烯醇微纳结构修饰的磺化聚醚砜型耐氯分离膜材料，并通过改变磺化聚醚砜层表面能，形成对交联聚乙烯醇微纳结构尺度的精确调控技术。

（3）发明了原位还原键合法在膜表面负载纳米银或纳米铜的新技术。

（4）发明了离子螯合技术，提高了支撑层和功能层，以及修饰层与功能层的键合能力。

（5）发明了分离膜表面电荷修饰技术，提高了膜的分离性能和耐有机污染性。

3. 本项目知识产权情况、工业应用推广情况及经济、社会效益、意义等

本项目已获中国发明专利授权 28 件，国外发明专利授权 1 件。本项目开发的有机 - 无机杂化、离子螯合、表面电荷修饰、表面微纳结构构建等技术以及相应的耐酸 / 碱、耐氯、耐污染型分离膜新产品，具有生产工艺简单、绿色环保等优势，突破已有专利，形成具有自主知识产权的专有技术和产品。本项目从分离膜材料的结构与性能关系入手，开发出耐强酸 / 强碱型分离膜材料，填补了我国在该领域的技术空白，为特种分离膜产业化打下了基础。

应力作用下聚烯烃微观结构演变与性能响应关系

- **获奖年度：** 2019 年
- **奖　　种：** 中国石化前瞻性基础性研究科学奖
- **等　　级：** 三等奖
- **完 成 人：** 唐毓婧　郑　萃　任敏巧　杜文杰　郑俊鹏　张韬毅
- **成果简介：**

1. 背景及主要技术内容

聚烯烃业务是中国石化的重要产业之一，聚烯烃在加工成型中经历应力场是决定材料形貌结构和最终性能的主要因素，因此研究应力场作用下的聚烯烃形态演变，进行有目的地调控高分子形貌，以实现高分子材料高性能化和功能化，对中国石化聚烯烃业务提质增效具有重要意义。本项目开发了实验室 X 射线测试高分子制品残余应力技术以及极图技术新方法，达到了国际领先水平。采用同步辐射 X 射线在线跟踪聚乙烯材料在加工过程中凝聚态结构的实时演变过程，发现高温和低温拉伸下由于晶体网络差异和分子链松弛时间不同造成不同的形变机理。本项目跟踪到聚乙烯薄膜高速拉伸场下的破坏过程，指出高低速拉伸场下不同的形变机理，高速拉伸以银纹扩展为主并伴随凝聚态结构快速演变，慢速拉伸以塑性形变为主。

2. 创新点 / 技术发明点

取得了四方面核心技术创新与成果：

（1）在国际上首次采用二维 X 射线衍射技术测试聚丙烯薄膜残余应力。

（2）在国际上首次采用高速拉伸、X 射线和高速摄像机相结合的手段，观察到聚乙烯薄膜在高速和慢速拉伸场下宏观和微观的破坏过程。

（3）在国内首创建立了实验室 X 射线表征聚烯烃膜织构（三维取向）的方法。

（4）在中国石化系统内首次采用同步辐射 X 射线原位跟踪聚乙烯在应力场下凝聚态结构的演变过程，揭示了高低温下不同的形变机理。

3. 本项目知识产权情况、工业应用推广情况及经济、社会效益、意义等

本项目已获中国发明专利授权 1 件，发表论文 10 篇，影响因子总和 15。本项目开发了 X 射线测试高分子制品残余应力技术以及极图技术，达到了国际领先水平，这些先进的研究方法和技术的建立，显著提升了中国石化在高分子材料凝聚态结构这一前瞻基础领域的研究能力。本项目采用先进的方法研究聚烯烃在加工过程中以及制品失效过程中的物理问题，并研究制品性能与结构之间的关系。该项目采用高速拉伸、X 射线和高速摄像机相结合的手段，跟踪到聚乙烯薄膜在高速拉伸场下的破坏过程，指出高低速拉伸场下不同的形变机理，研究结果引导了国内薄膜行业选择正确的撕裂性能评价方法。该项目充分运用同步辐射在线研究的方法，针对中国石化自身产品的实际加工过程进行研究，所得结论对中国石化聚烯烃的高端化、差异化有较强的指导意义。

图 1　同步辐射 X 射线原位 BOPE 拉伸实验

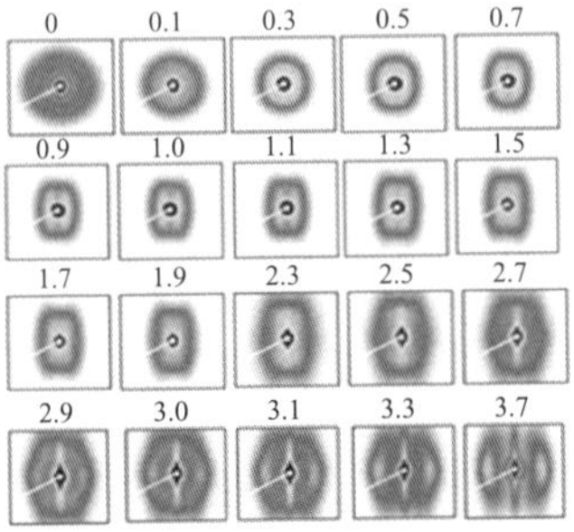

图 2　聚乙烯在 116℃随着拉伸过程 2D-SAXS 演变图

聚乳酸长支链拓扑结构调控和性能研究

- **获奖年度：** 2019 年
- **奖　　种：** 中国石化前瞻性基础性研究科学奖
- **等　　级：** 三等奖
- **完 成 人：** 刘建叶　初立秋　张　琦　张丽英　权　慧　吕　芸
- **成果简介：**

1. 背景及主要技术内容

聚乳酸是一种生物基聚合物，具有完全可生物降解的特点，符合绿色环保、健康安全的生活理念，具有广泛的应用潜力，因此对聚乳酸的开发研究与推广应用得到国内外广泛的关注。但聚乳酸的熔体强度非常低，这大大限制了其应用范围的进一步扩展。引入具有较高分子量的长支链是改善聚合物熔体强度最为有效的方法。本项目通过两步官能团反应，实现了长支链聚乳酸的快速熔融加工制备，通过凝胶渗透色谱（GPC）和线性流变学方法定性和定量表征了长支链产物链拓扑结构和组成，采用同步辐射等先进表征手段，考察了不同结晶形态聚乳酸和长支链聚乳酸的单向拉伸过程中片晶的变形、破坏及取向结晶形成的具体过程。

2. 创新点 / 技术发明点

取得了三方面核心技术创新与成果：

（1）首次实现了链结构可控的长支链聚乳酸的熔融加工制备，系统研究并掌握了聚乳酸长支化化学反应的流变动力学过程。

（2）合理地结合 GPC 和线性流变学表征确定了长支链产物的链拓扑结构和组成，以此为基础首次建立了一个具有理论依据的长支链流变学定量表征模型，为聚合物链结构的定量化研究这一世界性难题提供了便捷有效的解决途径。

（3）通过长支链聚乳酸拉伸过程中结晶与取向过程的演变规律，首次明确了长支链拓扑结构在聚合物拉伸过程中对结晶与取向过程的作用机理。

3. 本项目知识产权情况、工业应用推广情况及经济、社会效益、意义等

本项目已获中国发明专利授权 23 件。本项目实现了链结构可控的聚乳酸长支化改性的快速熔融加工制备，通过线性流变学定量表征了长支链的拓扑结构和含量；首次建立了一个具有理论依据的长支链流变学定量表征模型，掌握了已知拓扑结构信息的长支链聚乳酸在拉伸过程中的结晶形态演变规律，明确了长支链在聚合物拉伸过程中的作用机理，建立了通过快速反应制备聚乳酸树脂长支链的方法，并建立了长支链的定量表征方法；同时，考察了长支链聚乳酸的结晶性能和拉伸性能，为聚合物链结构的定量化研究这一世界性难题提供了便捷有效的解决途径，并首次回答了链拓扑结构对聚合物拉伸过程中结晶形态演变规律的影响这一科学问题。本项目成果达到了国际先进水平，具有十分重要的理论意义和很好的应用价值，为中国石化聚乳酸树脂的开发及后续推广应用打下良好的理论基础。

官能化溶聚丁苯橡胶分子结构功能化机制及关键技术开发

- **获奖年度：** 2019 年
- **奖　　种：** 中国石化技术发明奖
- **等　　级：** 一等奖
- **完 成 人：** 徐　林　王妮妮　康新贺　赫　炜　解希铭　王　雪　朱晓光　楼峥芳

- **成果简介：**

1. 背景及主要技术内容

随着聚合技术的发展，采用分子设计理论合成渐变式序列结构分布 SSBR、星形 SSBR、官能化 SSBR 成为研发热点。官能化基团与填料作用可以降低橡胶网络中最终交联点的自由度，使其能有效参与整个交联网络的弹性恢复，从而降低周期性形变中的能量损失，改善生热和滚动阻力。国外厂商已向市场推出了一系列官能化高性能 SSBR 牌号，在中国、美国和欧盟获得广泛应用。伴随着轮胎标签法和相应法规的出台，SSBR 已成为国内外广泛应用的胎面用合成橡胶。

本项目针对国内外对“绿色轮胎”胎面用中苯乙烯含量、高乙烯含量以及功能官能团改性 SSBR 的升级需求，创造性地将多重微观结构调控技术、分子结构设计技术、偶联技术及官能化技术进行综合运用，开发出综合性能优异且满足“绿色轮胎”胎面材料高性能要求的 SSBR 新产品。完成了两种商业化调节剂的制备，自主合成的三种不对称醚类调节剂和系列多元复配体系的研究，解决了高温极性环境下反应活性保持、高分子量及高乙烯基结构含量控制的技术难题。采用的新型极性调节剂，首次在强极性聚合环境下，突破了高乙烯基、高分子量条件下偶联效率调控、低苯乙烯微嵌段控制等关键技术，在 3 万 t/a 间歇 SSBR 工业装置上完成批量生产，在多家轮胎企业实现了商业应用，形成了满足高性能子午线胎面胶系列应用配方，实现了 B/B 级轮胎批量生产。

2. 创新点 / 技术发明点

取得了六方面核心技术创新与成果：

（1）采用具有自主知识产权的极性调节体系构建了高性能“绿色轮胎”用 SSBR 结合苯乙烯侧基及乙烯基侧基结构单元协同调控技术。

（2）阐明了苯乙烯单元在共聚物高分子链中序列分布的关键作用及苯乙烯微嵌段含量控制技术，实现了苯乙烯微嵌段含量＜0.5%（质量）的控制。

（3）发明了链中官能化技术，运用点击化学技术将官能化基团修饰到 SSBR 主链上，并建立了核磁共振定量表征链中官能度的方法。

（4）综合运用多重结构单元协同调控技术，创制出对炭黑具有优异分散性的中结苯、高乙烯基 SSBR，实现了规模化生产技术集成创新。

（5）根据填料分散与界面调控原理，探明了橡胶结构及性能之间的响应关系。

（6）完成了高性能轮胎胎面用复合材料配方技术开发，实现了典型应用示范及推广。

3. 本项目知识产权情况、工业应用推广情况及经济、社会效益、意义等

图 1　官能化溶聚丁苯橡胶产品

本项目已申请中国发明专利 57 件，授权 44 件，申请国际发明专利 10 件，已授权 8 件，具有自由运作权。链端官能化产品在青岛森麒麟、赛轮金宇、韩泰轮胎等轮胎企业实现了应用，完成 B/B 级轮胎商业生产；通过了固特异、佳通等大型轮胎公司的实验室认证；链中官能化产品试制的轮胎达到欧盟标签 A/B 级，市场前景广阔。采用本项目成果制备的新型轮胎实现销售额超过亿元，吨胶效益超过 1200 元。通过促进轮胎升级有助于节省能源、减少碳排放、改善环境和减少雾霾。构建的材料官能化技术平台，为开发高端弹性材料提供了技术基础。

中国石化技术发明奖

证书

为表彰中国石化技术发明奖获得者，特颁发此证书。

项目名称：官能化溶聚丁苯橡胶分子结构功能化机制及关键技术开发

奖励等级：一等奖

获 奖 者：中国石油化工股份有限公司北京化工研究院

证书号：2019-F-01-01-D1

图 2　获奖证书

新型大型化两程分支变径炉管乙烯裂解炉

- **获奖年度**：2019 年
- **奖　　种**：中国石化技术发明奖
- **等　　级**：三等奖
- **完 成 人**：何细藕　李昌力　周　丛　张利军　薛　磊　俞文元　代　淼　何燕锋
- **成果简介**：

1. 背景及主要技术内容

乙烯裂解炉是乙烯装置的核心。国外裂解炉专利技术在国内应用时，普遍存在裂解炉能力达不到设计能力、热效率低和运行周期短的问题。本项目采用北方炉（CBL）技术对现有 SL-Ⅱ型炉进行对流段、辐射段、风机、辐射段衬里等总体改造方案及相关工程技术的研究，提出节能改造的技术方案。采用两程 2-1 炉管，具有停留时间短、裂解温度高、压降小、烃分压低、裂解选择性高的特点。对裂解炉的整体改造方案、辐射段炉管构形、对流段换热管排优化、辐射衬里结构及引风机等进行了改进，通过适当增大炉管面积、加入扭曲片，降低炉管热强度，延长运行周期。考核标定及 4 年多的运转结果表明，改造后裂解炉的目的产品选择性、热效率、运行周期、生产能力等均达到或优于设计值，主要技术经济指标达到国际同类裂解炉先进水平。

2. 创新点 / 技术发明点

国内首次采用 CBL 技术，对中型乙烯装置 4 台大型裂解炉同时进行局部改造，在原有设计能力下，大幅提高运行周期，热效率提高到 95% 以上。取得了三方面核心技术创新与成果：

（1）改造后裂解炉具有灵活的原料适应性和操作性，改造后裂解炉可适应裂解石脑油（NAP）、液化石脑油（LNAP）及液化石油气（LPG）等不同原料。

（2）采用已获发明专利的 CBL-Ⅲ型裂解炉在二程管下部合并的 2-1 型炉管，通过对炉管结构尺寸的优化，并且增加扭曲片强化传热措施，在设计投料量下运行周期比原来大幅度提高，可达到 80 天以上。

（3）对流段局部改造，增加了部分锅炉给水和原料预热管排，充分吸收低温位热量，热效率提高到 95% 以上。

3. 本项目知识产权情况、工业应用推广情况及经济、社会效益、意义等

本项目已获中国发明专利授权 3 件。采用本项目的 CBL 技术改造设计的 4 台 SL-Ⅱ型裂解炉，改造后裂解炉的长期工业运转情况表明，所选择的裂解炉改造方案合理，辐射炉管机械性能优良，炉管变形小；排烟温度上升缓慢，改造后生产能力达到了设计值，整体水平达到国际先进水平。裂解炉改造技术成熟、可靠、先进，经济效益和社会效益显著，具有自由运作权。

用 CBL 技术改造 SL-Ⅱ型裂解炉

高附加值合成树脂关键技术开发及应用

- **获奖年度：** 2019 年
- **奖　　种：** 中国石化科技进步奖
- **等　　级：** 一等奖
- **完 成 人：** 乔金樑　陈燕斌　钟东文　高永平　徐振明　赵唤群　宋文波　夏先知　张师军　周　浩　蒋善君　陈　豹　曹豫新　赵长江　张祖平
- **成果简介：**

1. 背景及主要技术内容

国内聚烯烃产品结构性过剩现象突出：一方面，低端产品产能过剩，市场竞争日趋激烈，盈利能力不强；另一方面，具有高附加值的高端产品只有极少数公司可以生产，供不应求。因此，聚烯烃的高性能化是国内外聚烯烃技术发展的主要趋势，克服加工性能、物理机械性能、人体接触安全性等方面存在的不足是聚烯烃高性能化的主要发展方向。

本项目聚焦供给侧结构性改革和创新驱动发展两大理念，以高端市场需求为导向，通过科技创新，解决一系列技术难题，进行聚烯烃“微观结构－产品性能－生产工艺”三者之间的关系研究，开展相关催化剂、聚合工艺、助剂和生产技术等关键技术攻关，产业化了系列原创型聚烯烃新产品。

根据市场需求，重点解决影响中国石化聚烯烃产品占领国内外高端市场存在的三大技术难题，即解决高抗冲聚丙烯树脂熔体强度低、高流动透明聚丙烯树脂收缩率高、聚乙烯粉料氯化效率低等无法满足特殊加工要求的难题；解决聚丙烯电工膜灰分含量高、低热封透明聚丙烯薄膜晶点和析出物多、聚乙烯管材不能满足苛刻施工条件等无法满足特种高性能要求的难题；解决车用聚烯烃树脂 VOCs 含量高、透明高韧聚丙烯树脂可萃取物含量高、聚丙烯无纺布含有“塑化剂”和过氧化物残留等无法满足“绿色健康”需求的难题。

2. 创新点 / 技术发明点

取得了六方面核心技术创新与成果：

（1）开发了世界首创的直接聚合法制备锂电池隔膜及电容器膜用低灰分聚丙烯生产技术。

（2）开发了分子链结构和形态结构的控制技术，实现聚丙烯刚韧平衡的调控，以获得高抗冲高熔体强度聚丙烯产品，为世界首创。

（3）实现了抗菌树脂在洗衣机家电等应用领域的突破。

（4）通过析出物与分子结构关系的研究，设计了不同共聚组成及分布的分子链结构，G 树脂为世界首创。

（5）开发了世界领先的乙烯聚合催化剂，BCE-C 实现了粉料细粉含量的减少，BCL 实现了大分子量组分中的共聚单体含量的明显提高。

（6）通过分子结构设计和催化剂、聚合工艺条件等优化，实现三元共聚聚丙烯共聚单体分布控制，产品满足医用产品的需求，填补了国内空白。

3. 本项目知识产权情况、工业应用推广情况及经济、社会效益、意义等

本项目已获中国发明专利授权 22 件，制定标准 9 项，申请专有技术 7 项。本项目总计开发了 10 类产品，开发的高附加值合成树脂产品在汽车、食品包装、医用耗材、卫生健康、电子电器等领域在 30 余家企业中得到应用，部分产品实现高端市场的出口。

高熔体强度抗冲聚丙烯突破了抗冲聚丙烯在大中型挤吹领域的限制，开发了汽车后备厢、医疗床头板、化工原料桶、增氧机、重卡风管等一系列创新性应用，并在山东威高、天津国华、山东通佳、上海帆顺进行了推广。直接聚合低灰分聚丙烯树脂继在锂电池膜成功应用后，低灰分树脂在龙辰科技有限公司进行了电容器膜的生产，成膜性能好，制备的薄膜经测试达到国家相关标准的要求。产品在日本关西等地参展，并成功销售给相关企业，打入了国际高端市场。低可萃取物透明高韧聚丙烯形成低可萃取物系列产品，G 树脂成为第一个被 IUPAC（国际纯粹与应用化学联合会）进行结构与性能研究的中国首创商业化高分子新材料，具有里程碑意义，在外商独资的广州特百惠等企业应用。

图 1 双层纺粘抗菌无纺布

成功开发了无纺布用抗菌专用聚丙烯树脂生产技术，填补了行业空白；用抗菌聚丙烯树脂制备的地毯在日本通过抗菌等测试，出口日本市场。创新性延伸该技术产业链，开发了抗菌颈枕，并在中国石化易捷店上架。低收缩高流动聚丙烯填补了国内低收缩高流动透明聚丙烯的空白，且产品抗收缩和耐翘曲性能超过进口产品水平。结合 HR 催化剂进一步实现了产品的无塑化剂、低气味，在宁波文华、台州莱茵等企业应用。高性能 CPE 专用树脂具有良好颗粒形态和优良氯化性能，产品在潍坊硕邑化学、山东日科、潍坊天瑞、威海金泓实现了规模化应用。高透明低洗出物热封用聚丙烯解决了薄膜生产中压痕斑马纹的问题，且满足了高速热封复合膜的生产和应用要求，达到了用户的医用包装要求。采用 PE100-RC 管材专用树脂制备的相关管材已经通过下游企业的认证，正式用于非开挖输水管道，成为国内首个用于该领域的国产 PE100-RC 原料，并在沧州明珠、福建恒杰、广东联塑、天津军星等企业进行了推广应用。

本项目开发的高附加值合成树脂累计生产约 55 万吨，利润近 13 亿元，进一步深化了“产销研”联合创新平台，对于促进中国石化合成树脂产品迈向绿色化、高性能和功能化的产业中高端和推动我化工产业的供给侧结构性改革均具有重要意义。

图 2 抗菌地毯在日本通过抗菌等测试，出口日本市场

新型高性能乙烯淤浆聚合 BCL-100 催化剂技术开发及应用

◆ **获奖年度：** 2019 年

◆ **奖　　种：** 中国石化科技进步奖

◆ **等　　级：** 一等奖

◆ **完 成 人：** 郭子芳　李　邦　李炎生　苟清强　冯忠岩　胡军武　孙延举　李　颖　张　庶　毛文华　杨红旭　王少会　黄汉文　曹昌文　王世波

◆ **成果简介：**

1. 背景及主要技术内容

Innovene S 工艺是新型淤浆双环管聚乙烯工艺，其使用钛系催化剂生产的管材等树脂由于可以使用 1- 己烯作为共聚单体而性能优异，然而适用于 Innovene S 工艺的进口催化剂存在活性低、颗粒形态差、共聚性能差等不足，造成装置运行周期短、生产负荷低等问题。

本项目自主开发的 BCL-100 催化剂，相比于进口的同类催化剂，聚合活性高（50% ～ 80%）；共聚性能更好，低聚物生成量减少 25% 以上，共聚单体分布均匀，高分子量端支链分布更多；氢调性能敏感；制备的聚合物堆积密度高，颗粒形态好，大颗粒和细粉含量更少，流动性能良好。已完成工业应用和管材长周期生产试验，填补了多项国内空白，综合性能全面超越进口催化剂，达到了国际领先水平。

2. 创新点 / 技术发明点

在催化剂制备与应用方面取得了五方面技术创新与成果：

（1）开创性地利用溶解析出催化剂体系平台，独立自主开发了新型高性能 BCL-100 催化剂，综合性能国际领先。

（2）通过给电子体提升了 BCL-100 催化剂的共聚性能，实现了双峰树脂低分子量部分支链少、高分子量部分支链含量高的调节，明显提升了聚乙烯树脂的力学性能。

（3）根据工艺生产需求，通过催化剂颗粒成型技术精准调控催化剂颗粒形态、粒径分布和粒径大小，满足工业生产需求。

（4）首次应用 BCL-100 催化剂在 Innovene S 工艺完成工业生产试验，填补了国产催化剂在该领域的空白。

（5）首次应用 BCL-100 催化剂在 Innovene S 工艺完成生产 PE100 级管材等高性能树脂牌号的长周期工业生产试验，安全运行时间和生产负荷达到国际最高水准。

3. 知识产权情况、工业应用推广情况及经济、社会效益、意义等

图 1　高性能 BCL-100 催化剂

本项目已获 13 件中国专利授权，形成了完整自主知识产权。自 2014 年在中沙（天津）石化完成首次工业应用试验和长周期工业应用试验以来，BCL-100 催化剂已在中韩（武汉）石化、独山子石化、延长中煤榆林能化完成工业应用试验并得到了大规模使用，该催化剂装置适应性能更优，长周期生产时二反轴流泵功率稳定，可将装置的安全运行时间大幅提升，生产负荷从进口催化剂的 34t/h 提高到 40t/h，解决了进口催化剂难以长周期生产和高负荷运行的难题，同时装置运行物耗、能耗降低，明显降低了装置生产成本，经济效益和社会效益显著。

中国石化
SINOPEC
中国石化科技进步奖
证书
为表彰中国石化科技进步奖获得者，特颁发此证书。
项目名称：新型高性能乙烯淤浆聚合BCL-100催化剂技术开发及应用
奖励等级：一等奖
获 奖 者：中国石油化工股份有限公司北京化工研究院
证书号：2019-J-01-09-D1

图 2　获奖证书

有机超滤膜开发与工业应用

◆ **获奖年度**：2019 年

◆ **奖　　种**：中国石化科技进步奖

◆ **等　　级**：二等奖

◆ **完 成 人**：栾金义　陈齐全　纪　轩　奚振宇　任鹏飞　赵会艳　唐安中　李红媛　张新妙　朱羽中　王国栋　彭海珠

◆ **成果简介**：

1. 背景及主要技术内容

膜分离技术具有连续操作、自动化程度高、能耗低、能量利用率高等优点，被看作绿色化学的典型。膜分离作为一种高效、低能耗的分离技术，在石化行业节水减排工作中发挥了积极作用。但伴随原油劣质化和高端化学品增加，石化企业废水中污染物更加复杂，除主要生产物料外，还有大量添加剂、催化剂以及中间产物和副产物等。在膜法污水处理与回用系统中这些污染物更容易造成膜污染、中空纤维膜断丝或者分离层破坏，引起膜性能不可逆下降和产水水质变差。

本项目中国石化现有工业膜系统在超滤膜使用过程中存在的技术问题，以聚偏二氯乙烯（PVDF）为主要膜材料，采用先进的非溶剂致相分离（NIPS）技术，开发了高性能超滤膜产品，以期降低工业膜系统中超滤膜采购、更换费用等，为企业的节水减排工作提供性价比更高的超滤膜产品。同时，本项目根据处理水质和工艺特点开展膜装置工业设计，形成了安装调试便捷、运行维护简单和清洗效果显著的成套工艺与工程技术。

2. 创新点 / 技术发明点

取得了两方面核心技术创新与成果：

（1）通过铸膜液配方筛选、芯液组成筛选及制膜工艺优化，制备了具有双皮层结构、断面为拓扑结构的中空纤维超滤膜，且该结构中空纤维超滤膜产品具有膜强度高、膜孔径较小、孔径分布较窄、膜通量较高的特点。

（2）通过筛选新型添加剂或与高聚物共混，改变铸膜液中各组分间的相互作用，调控铸膜液配方及组成，研制应用于石化污水处理的孔径大小及分布合适、高性能平板膜产品，25℃、0.1MPa 下稳定纯水通量为 100 ～ 900 L/（m^2·h）。

3. 本项目知识产权情况、工业应用推广情况及经济、社会效益、意义等

本项目已获中国发明专利授权 15 件，中国石化专有技术 3 项。采用优化后的超滤膜配方及制备工艺，开展了超滤膜的连续化制备及膜组件生产，形成了不同规格的帘式膜组件、压力式组件和板式膜组件，并结合洛阳石化化纤污水，天津石化乙烯循环水排污水、炼油污水和九江石化生活污水 / 炼油污水等分别开展了污水深度处理达标排放与回用工业应用，系统均运行稳定，膜组件性能优良，产水水质达到应用要求。

基于本项目开发的有机超滤膜产品作为高端分离材料可替代现用的国内外超滤膜，有利于企业实现降本增效；超滤膜应用集成成套技术为企业达标排放和资源化利用提供了技术支撑，具有良好的社会效益和环境效益。

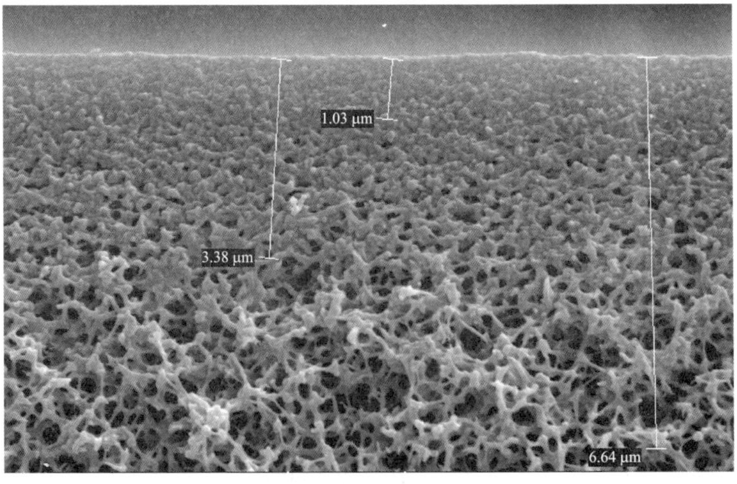

图 1　拓扑结构超滤膜

图 2　某石化企业应用超滤膜装置

高温丙烯聚合技术及产品开发

- **获奖年度：** 2019 年
- **奖　　种：** 中国石化科技进步奖
- **等　　级：** 二等奖
- **完 成 人：** 杨芝超　张　勇　王良诗　贾中明　李　杰　陈明华　周奇龙　史雪峰　陈江波　周　春　徐　萌　林　龙
- **成果简介：**

1. 背景及主要技术内容

随着社会经济的发展和人们生活水平的提高，人们对制品中有害的有机污染物提出了更严格的要求。车用长玻纤增强聚丙烯材料具有成本低、安全、节能、环保、较低密度和优异性能等特点，具有广泛的应用，如：汽车前段框架、仪表板骨架、发动机底护板、天窗、护风圈等。国内聚丙烯无纺布绝大多数是采用过氧化物降解的方法生产的，产品中往往存在异味问题，因此产品无法满足卫生保护用品、医疗卫生用品的要求。

本项目开发了氢调法的均聚纺丝料和共聚纺丝料，其分子量分布窄，与可降解的纺丝料相近。其中，共聚纺丝料制得的纤维和无纺布质地柔软，手感好，通过美国食品和药物管理局 FDA 认证测试，特别适合于制造包装、服装、卫生用品、医疗用品等。此外，试用表明生产的纺丝料完全可以替代现有纺丝料且具备不含过氧化物残留的优点。

2. 创新点 / 技术发明点

取得了五方面核心技术创新与成果：

（1）高温催化技术方面：BCM 催化剂在高温聚合条件下表现出活性高、细粉少、氢调性能好、活性释放平稳等优异的催化性能。利用该催化剂生产出不经过过氧化物降解的均聚和共聚纺丝料和高流动、高刚性、高抗冲（简称“三高”）丙烯聚合物。

（2）高温气相聚合方面：丙烯预聚合之后，通过调整聚合条件参数，可以实现对聚合活性、氢调稳定性、共聚性能以及产品的熔融指数、分子量及其分布和力学性能的控制及改善。

（3）产品方面：实现了未经过氧化物降解的共聚纺丝料的工业化生产，得到的产品分子量分布较窄，可用于柔软无纺布和抗菌丙纶布的制造。实现了高流动高刚性共聚物的工业化生产，该产品刚性较高，性能接近进口产品，实现了车用长玻纤增强聚丙烯材料的工业化生产，该产品主要用于玻纤复合和聚丙烯改性，加工性能和应用效果与进口产品相当，力学性能及外观都很好，可广泛用于长玻纤增强、聚丙烯改性等方面。

3. 知识产权情况、工业应用推广情况及经济、社会效益、意义等

本项目已获 10 件中国专利和 2 件国外专利授权。本项目于扬子石化进行工业化实施，至 2019 年共开发三个系列 5 个牌号的专用料。经过推广和应用，形成了 5000 余吨的专用料生产，新产品在上海金发科技股份有限公司、南京聚隆科技股份有限公司等多家下游厂家进行加工应用试验，得到客户的认可，产品的力学性能满足客户的使用要求。

共聚纺丝料生产柔软无纺布

聚乙烯大口径压力管材残余应力评价技术

◆ **获奖年度：** 2019 年

◆ **奖　　种：** 中国石化科技进步奖

◆ **等　　级：** 三等奖

◆ **完 成 人：** 华　晔　李玉娥　武志军　孙　晋　贾雪飞　朱天戈　胡　法　胡孝义　杨化浩

◆ **成果简介：**

1. 背景及主要技术内容

大口径厚壁管材挤出加工过程中容易导致管材中存在较为明显的残余应力，这会造成管材开裂，使用寿命受损，从而给工程带来重大隐患。如何减小大口径厚壁管材的残余应力已经成为挤出加工行业和工程应用关注的重点。研究管材残余应力的产生原因，并从理论上分析和计算残余应力的分布，对于模具设计、工艺优化和提高产品品质都具有重要的意义。本项目通过系统研究聚乙烯管材的残余应力、挤出工艺参数及核心性能之间的影响关系，建立了一套聚乙烯管材残余应力的评价技术，并研究了聚乙烯压力管材中的残余应力分布，以便用于指导下游生产企业正确进行塑料管材的挤出加工，提高塑料管材产品的性能。

2. 创新点 / 技术发明点

取得了三方面核心技术创新与成果：

（1）在国内外首次建立了聚乙烯大口径管材残余应力分布的定量评价方法：盲孔应变法。采用非均匀化应力分布模型对管材外壁评估得到的等效残余应力随着挤出速度和冷却速度的加快而增大。因此采用盲孔应变法和非均匀应力分布模型可以达到定量评估管材外层残余应力分布的目的。

（2）确定了4种聚乙烯大口径管材残余应力的定性评价方法。研究表明采用纵向回缩率、径向复原、静液压强度试验和耐慢速裂纹增长（SCG）试验等评价手段可定性判断管材的残余应力水平。

（3）探明了聚乙烯大口径管材残余应力和挤出加工工艺及管材关键性能之间的关系。发现采用项目组设计的优化工艺，管材样品内外层的残余应力都得到了明显降低。

3. 本项目知识产权情况、工业应用推广情况及经济、社会效益、意义等

本项目已获中国发明专利授权2件。从2015年开始，聚乙烯大口径管材的残余应力评价技术已在多家国内龙头企业得到应用，采用中国石化生产的聚乙烯原料制备的聚乙烯大口径管材成功应用于近900个城市给水、燃气和核电工程项目。本项目技术大幅度提高了聚乙烯大口径管材的生产效率，节省了成本，提高了产品质量，所生产的管材按照相关标准进行测试，各项性能均达到要求。本项目技术为保证管道运行安全以及在国内的推广应用起到了重要作用，增强了中国石化在国内聚乙烯压力管材料市场上的竞争力。

残余应力测试装置

双功能 BCNA-30 复合成核剂的开发及应用

◆ **获奖年度：** 2019 年

◆ **奖　　种：** 中国石化科技进步奖

◆ **等　　级：** 三等奖

◆ **完 成 人：** 李　伟　成卫戍　史建公　杜　超　蒋　洁　张新军　谢伦嘉　于建明　郑建坡

◆ **成果简介：**

1. 背景及主要技术内容

聚丙烯制品光泽度差，透明性不好，使其在应用程度上受到一定限制。通过加入成核剂，可提高聚丙烯制品的透明性。有机磷酸盐类成核剂是一种非常重要的聚丙烯成核剂系列品种，由于该类成核剂可以显著提高聚丙烯制品的透明性、刚性、结晶速度和热变形温度等，并提高生产效率，在国内外的成核剂市场具有很高的占有率。本项目主要研究有机磷酸盐复合成核剂，主配体之间的协效诱导聚丙烯成核作用对聚丙烯性能的影响，揭示出主配体之间的协效作用机制。

2. 创新点 / 技术发明点

取得了三方面核心技术创新与成果：

（1）通过分子设计，制备出具有特殊配位结构的新化合物，引入羧酸盐，形成独特的复合组分，具有协同作用。形成新型晶体结构，可有效提高聚丙烯产品刚性、负荷变形温度和透明性。

（2）创新的粒子细微化制备工艺，将成核剂粒子细微化，提高成核剂与聚烯烃的相容性和分散性，提高改性树脂的综合性能。

（3）发明了一种有机磷酸盐的合成新方法，减少了溶剂水的用量；生产过程中进行溶剂的回收及回用，实现了成核剂的清洁生产，降低了生产成本。

3. 本项目知识产权情况、工业应用推广情况及经济、社会效益、意义等

本项目已获中国发明专利授权 16 件。本项目开发的聚丙烯有机磷酸盐复合成核剂，在燕山石化气相法 12 万 t/a 聚丙烯生产装置上完成工业应用，应用结果表明该成核剂能大幅提高聚丙烯的光学性能、物理机械性能和热性能，生产的透明聚丙烯具有优异的使用性能，可以完全满足医疗器械和高端家用电器使用的需要，推广应用前景非常广阔。

双功能 BCNA-30 复合成核剂应用装置图

功能性聚丙烯吹塑薄膜的可控制备技术

◆ **获奖年度：**2019 年

◆ **奖　　种：**中国石化科技进步奖

◆ **等　　级：**三等奖

◆ **完 成 人：**吕明福　郭　鹏　沈强锋　杨文涛　刘振杰　李　娟　柳　翼　徐耀辉　白弈青

◆ **成果简介：**

1. 背景及主要技术内容

普通聚丙烯受熔体强度低的限制，难以采用上吹风冷工艺生产薄膜，适用于上吹风冷工艺的聚丙烯树脂的核心知识产权处于欧美企业垄断之下，限制了国内市场上吹风冷薄膜的开发及应用。本项目以中国石化拥有自主知识产权的非对称加外给电子体及非对称加氢技术为基础，开发了适于上吹风冷工艺的无规共聚高熔体强度聚丙烯。明确了熔体强度、分子量分布宽度、分子链取向度等聚丙烯流变及分子结构特征调控与功能性薄膜表面结构演变及力学性能变化规律之间的关系，发现了聚合工艺 - 微观结构和性能 - 上吹风冷工艺 - 薄膜功能之间的构效关系。通过含规整支链的柔性主链结构引入，与不同聚烯烃组分形成共晶结构或细化相畴，解决了多层共挤吹塑薄膜界面结合问题。完成了具有消光、耐蒸煮、耐高温、直线（单向）易撕裂等功能性薄膜可控制备技术的开发。

2. 创新点 / 技术发明点

取得了两方面核心技术创新与成果：

（1）通过聚合条件及加工工艺对聚丙烯的熔体强度、分子量分布宽度、分子链取向度等流变及分子结构特征进行设计及控制，集成消光、直线撕裂等功能性薄膜可控制备技术。

（2）通过定向排列的带有规整支链的柔性主链结构的引入，与不同聚烯烃组分形成共晶结构或细化相畴，解决了功能性聚丙烯多层薄膜界面分离的问题，改善了薄膜低温使用时的力学性能，实现蒸煮膜、耐温离型膜等功能性薄膜可控制备。

3. 本项目知识产权情况、工业应用推广情况及经济、社会效益、意义等

本项目已获中国发明专利授权 3 件。本项目在镇海炼化完成上吹风冷法用高熔体强度聚丙烯的工业化生产，产品通过 SGS 机构的食品包装用聚丙烯树脂卫生标准、无邻苯二甲酸类塑化剂及欧盟 RoHS 的检测认证。本项目开发的耐热离型膜技术、直线易撕消光膜技术、耐热蒸煮膜技术、耐热食用菌培养基包装膜技术在多家国内龙头企业开展应用及推广。采用本项目技术生产的薄膜产品不含交联结构，符合循环经济要求。

图 1　小试装置

图 2　吹膜工业装置

基于界面浓度场控制的银催化剂定向合成和应用研究

◆ **获奖年度：**2019 年

◆ **奖　　种：**中国化工学会科学技术奖基础研究成果奖

◆ **等　　级：**一等奖

◆ **完 成 人：**韩永生　邢　辉　孙东科　李金兵　林　强　董祥雷　王　凯　廉　括　胥永辉　黄浩洋

◆ **成果简介：**

1. 背景及主要技术内容

环氧乙烷（EO）是乙烯衍生物中仅次于聚乙烯的大宗石油化工产品，银是乙烯环氧化反应制备环氧乙烷的工业催化剂，银催化剂的选择性决定了该反应的产率和效率，因此开发高选择性银催化剂是国内外银催化剂厂商的核心竞争力。中国石化是国内唯一的银催化剂技术和产品提供商，在世界市场上占有一定份额，但与世界一流银催化剂相比，国内银催化剂的选择性还有待提高。

通过改变反应速率和传质速率制备不同形貌和结构的银纳米颗粒，将这些银纳米颗粒掺杂负载到催化剂载体表面，研究催化剂晶面对乙烯环氧化反应选择性的影响，探讨其影响机制，结合原位生长和混合负载技术提高催化剂颗粒稳定性，以期开发高选择性高稳定性的银纳米催化剂。

2. 创新点 / 技术发明点

取得了三方面核心技术创新与成果：

（1）在银颗粒合成过程，采用不同方法调控反应速率和传质速率，验证了反

应 - 传质对银纳米催化剂形貌的调控作用和规律。

（2）提出了生长界面浓度场是反应 - 传质调控材料结构演化的主要机制，建立了基于界面非均匀性的材料结构定向合成新方法。

（3）通过反应 - 传质调控界面浓度场，可控合成了不同形貌的银纳米催化剂颗粒，测试了它们对乙烯环氧化反应的选择性，发现了枝状银催化剂颗粒具有较好的选择性，正在进行中试实验，该研究成功对高选择性高稳定性的银纳米催化剂的研究开发有一定指导意义。

3. 本项目知识产权情况、工业应用推广情况及经济、社会效益、意义等

本项目属于基础研究，暂未开展工业应用。

银催化剂

满足多维加工的缓释长效抗菌树脂产业化关键技术研究及开发

◆ **获奖年度**：2019 年

◆ **奖　　种**：中国石油和化学工业联合会技术发明奖

◆ **等　　级**：三等奖

◆ **完 成 人**：张师军　李　杰　吕佩师　初立秋　刘跃滨　吕明福

◆ **成果简介**：

1. 背景及主要技术内容

随着生活水平的提高，人们对抗菌塑料的需求日益增加，抗菌塑料正广泛应用于日常生活的各个领域：家用电器、纺织用品、儿童玩具、卫生洁具、医疗器械等。

在中国石化开发抗菌树脂之前，国内家电、卫浴等下游企业只能通过加入抗菌母粒的方法制备抗菌产品。抗菌母粒的制备需要将抗菌剂和塑料进行二次造粒，增加了加工成本，而且抗菌剂在加工过程中容易发生团聚、变色、热分解。中国石化在聚合装置的造粒过程中添加抗菌剂直接生产抗菌聚丙烯（PP），可稳定产品质量，易大批量生产，仅增加了抗菌助剂的成本，并且抗菌剂在聚丙烯中分散性更好，抗菌效率高，稳定性更好。

普通抗菌剂存在抗菌效率低，与聚丙烯等树脂相容性差，不易分散，易黄变，耐水性差，抗菌效果不持久等问题。通常抗菌树脂抗菌剂需要添加 0.8% ～ 1.0%（质），抗菌率才能达到 99%，成本高，容易超过聚合装置助剂添加量的上限，难以进行抗菌树脂的开发和应用。

本项目发明了高效超细粉末橡胶复合抗菌剂，集中攻关抗菌剂在聚丙烯中分散性，提高抗菌效率和抗菌持久性，解决变色问题，降低成本，在聚丙烯等树脂中添加 0.1% ～ 0.3%（质），可使材料抗菌率＞99%，防霉等级达 0 级，在中国石化的聚丙烯装置上，研究了聚合工艺参数对抗菌树脂物理性能和加工性能等的影响，解决了抗菌复合助剂分散性及稳定下料等问题，攻关解决了抗菌聚丙烯树脂的连续稳定工业化生产，在齐鲁石化、扬子石化、镇海炼化、石家庄炼化等企业的聚丙烯装置，开发出多种市场需求量较大的抗菌聚丙烯专用牌号，耐水级抗菌树脂在水煮条件下（50℃、30 天）抗菌率＞99%，适用于细旦纤维、注塑、挤出、滚塑等多种抗菌制品的加工应用，在抗菌家电、抗菌卫浴、抗菌纺织品等领域推广应用。

2. 创新点 / 技术发明点

取得了四方面核心技术创新与成果：

（1）发明了粉末橡胶复合抗菌剂，具有粒径小、分散性好、耐变色、抗菌持久、耐水性好等优点，在聚丙烯、聚乙烯等树脂中添加 0.1% ～ 0.3%（质量），可使材料抗菌率＞99%，防霉等级达到 0 级，解决了普通抗菌剂在聚丙烯等树脂中不易分散、易黄变、耐水性差、抗菌效果不持久等问题。

（2）在国际上首次开发出了抗菌聚丙烯树脂，具有独立知识产权，获得中国发明专利授权 32 项，技术水平达到国际领先。

（3）抗菌聚丙烯树脂可满足细旦抗菌丙纶纤维的纺丝要求，在国际上首次利用降解法生产抗菌无纺布专用料 N40Q，填补了行业空白。

（4）开发的抗菌聚丙烯材料具有优良的耐水性，在 50℃热水中浸泡 3 个月，常温浸泡长达 5 年，对大肠杆菌和金黄色葡萄球菌的抗菌率仍大于 99%，洗衣机连续洗涤 1000 次后，抗菌波轮的抗菌率仍大于 99%。

3. 知识产权情况、工业应用推广情况及经济、社会效益、意义等

开发了具有自主知识产权的超分散高效复合抗菌剂，具有粒径小、分散性好、耐变色、抗菌耐水性和持久性优良等优点，在聚丙烯等树脂中添加量仅需要 0.1%～0.3%（质量），即可以使材料达到 99% 的抗菌率，防霉等级达到 0～1 级。

在扬子石化、齐鲁石化、镇海炼化、石家庄炼化等国内多套聚丙烯工业装置上，在线批量稳定工业化生产高性能抗菌聚丙烯等树脂，对大肠杆菌、金黄色葡萄球菌的抗菌率＞99.9%，达到万吨级规模。填补了国际空白，取得了显著的社会效益和经济效益。

抗菌树脂可满足注塑、纺丝、挤出、流延、滚塑等多种加工工艺要求，在抗菌家电、卫浴、纺织品、日用品、儿童玩具等领域进行了推广应用，引领了国内抗菌高分子材料健康发展的方向。

满足多维缓释的抗菌聚丙烯树脂

炼厂干气回收利用成套技术开发

◆ **获奖年度：** 2019 年

◆ **奖　　种：** 中国石油和化学工业联合会科技进步奖

◆ **等　　级：** 二等奖

◆ **完 成 人：** 李东风　吴长江　过　良　李　琰　刘智信　王　婧　王宇飞

◆ **成果简介：**

1. 背景及主要技术内容

炼厂干气中富含乙烯和乙烷，还含有丙烯、丙烷等烯、烷烃。目前炼厂干气主要作为燃料烧掉，利用价值较低。如果将炼厂干气中的烯烃、烷烃回收后，送往乙烯装置作为生产乙烯的原料，则可节省大量的裂解原料油，使乙烯生产成本大幅度下降。本项目是在中冷油吸收分离乙烯技术与催化裂化吸收稳定技术的基础上开发的浅冷油吸收技术，运用相平衡理论，通过实验测定和模拟计算，以炼厂碳四为吸收剂，可高效回收乙烯、乙烷。同时利用炼厂余热通过吸收式制冷提供冷量，原料无需净化，流程大为简化。

2. 创新点 / 技术发明点

取得了五方面核心技术创新与成果：

（1）采用浅冷油吸收工艺（压力 3.6 ～ 4.4MPa、温度 10 ～ 15℃），以炼厂碳四为吸收剂，脱除干气中的氢气、氮气、甲烷等，吸收干气中的碳二及以上馏分，得到的碳二提浓气经脱碳、脱氧后送入乙烯装置，无须干燥等净化步骤。

（2）利用炼厂富裕的低温余热，可为再沸器和吸收式制冷提供热源，节能效果明显。

（3）以稳定汽油为吸收剂回收吸收尾气中夹带的碳四馏分，无须冷箱和膨胀机，吸收剂易得，操作简便。

（4）采用自主开发的脱氧催化剂脱除碳二提浓气中的氧气和 NO_x，保证了下游乙烯装置的生产安全。

（5）通过优化工艺条件，乙烯回收率高达 93% 以上，碳二提浓气中甲烷含量低，碳二馏分含量高，可有效降低下游乙烯装置的生产成本。

3. 本项目知识产权情况、工业应用推广情况及经济、社会效益、意义等

本项目已获中国发明专利授权 20 余件。

随着我国乙烯产能不断增加，乙烯原料与石油产品争原料的矛盾日益突出。因此，扩大乙烯原料来源，合理回收炼厂副产物中的乙烯资源，越来越受到人们的重视。目前，我国已建有催化裂化装置百余套，生产能力在 1 亿 t/a 以上，催化干气产量在 400 万 t/a 以上。催化裂化干气中含有氢气、乙烯、乙烷、丙烯等组分，其中乙烯含量约为 10% ～ 20%，乙烷含量约为 10% ～ 25%。从炼厂干气中回收氢气、碳二及其他轻烃，可直接获得氢气 10 万 t/a 以上，碳二 60 万 t/a 以上，本项目技术的应用可以创造可观的经济效益。

齐鲁石化催化裂化干气回收装置

2020

中国石化北京化工研究院科技成果汇编（2018—2022）

复杂原料百万吨级乙烯成套技术研发及工业应用

◆ **获奖年度：** 2020 年

◆ **奖　　种：** 国家科学技术进步奖

◆ **等　　级：** 一等奖

◆ **完 成 人：** 袁晴棠　王子宗　王振维　王国清　何细藕　李广华　戴　伟　李金科　崔光磊　盛在行　刘　罡　张玉明　林　栩　赵百仁　张利军

◆ **成果简介：**

1. 背景及主要技术内容

石化工业是国民经济的支柱产业，乙烯装置是石化工业龙头，生产的乙烯、丙烯、丁二烯及副产的“三苯”是最重要的基本有机化工原料，下游衍生品广泛应用于各行各业，对经济、民生、国防具有重要作用。2018 年我国乙烯自给率仅 50%，亟须自主先进技术支撑发展。针对我国可获得的石油资源禀赋和乙烯原料的复杂性，研发适应复杂原料百万吨级乙烯成套技术，对提高我国石化工业国际竞争力具有战略意义。

本项目创建了完备的 15 个实验装置和研发平台，开发了乙烯全流程 20 项模型并得到工业验证，经持续攻关，在裂解、分离、催化剂和重大装备等方面实现了全面突破与创新，研发了既能高效裂解乙烷、轻烃和石脑油等轻质原料，又能高效裂解柴油和加氢尾油等重质原料，还能高效裂解高含烯烃的非常规原料等复杂原料的百万吨级乙烯成套技术，使我国率先成为全面掌握复杂原料乙烯成套技术的国家，具有里程碑意义。

2. 创新点 / 技术发明点

取得了四方面核心技术创新与成果：

（1）创新开发了适应复杂原料超大型长周期高效系列裂解炉技术。通过裂解反应机理、结焦机理和大量实验研究，发现了裂解反应、结焦与流动、传热相互影响的特殊规律，开发了适应复杂原料的裂解反应模型。据此，首创了异型辐射段炉管裂解技术，攻克了高选择性与长运行周期不能兼备的难题，周期延长 50% 以上；首创了高含烯烃非常规原料的长周期运行技术；世界最大单炉 30 万 t/a 裂解炉已投产。技术及装备实现整体出口。

（2）首创了以分凝分馏塔、分配分离为核心的低能耗高乙烯回收率的高效分离新工艺。创新提出了传质传热协同耦合的微型分凝分馏单元理念，开发了“降膜连续传质 - 间壁连续传热”模型，首创了分凝分馏塔技术；基于开发的高精度深冷高临氢热力学模型，研究发现了关键组分切割和分配比例对分离能耗影响的规律，发明了分配分离技术，实现了关键组分优化分配、高效分离；开发了长周期新型高效急冷技术。尾气中乙烯损失降低 70% 以上，制冷机功率降低 5% ～ 7%。

（3）创制了碳二、碳三高选择性加氢及低温高空速甲烷化的全系列高性能催化剂。基于密度泛函理论，揭示了多金属协同和多组分竞争吸附对反应选择性影响规律，开发了催化反应动力学模型。发明了辐照还原催化剂制备技术，攻克了碳三加氢催化剂活性组分分散难题，贵金属钯含量降低 50%，选择性提高 10 个百分点；开发了低聚物抑制技术，碳二前加氢催化剂绿油生成量降低 15%，减少了乙烯损失；发明了高含量镍高分散负载技术，低温甲烷化催化剂空速提高 2 倍。

（4）研制了百万吨级乙烯重大装备压缩机组及冷箱，开发了绿色高效系列专项技术。开发了高效宽范围叶轮模型级系列，研制了百万吨级乙烯裂解气压缩机和丙烯制冷压缩机；开发了高效换热翅片元件，研制了百万吨级乙烯冷箱并出口美国。首创了乙烯废碱液常温常压催化氧化处理技术；发明了裂解炉低 NO_x 燃烧器、快速烧焦减排技术；开发了动静态模拟结合火炬气减排技术，减排 40% 以上。

3. 本项目知识产权情况、工业应用推广情况及经济、社会效益、意义等

本项目获得授权专利 206 件，其中发明专利 157 件，已大规模推广应用，其中成套技术 12 套产能 973 万 t/a、裂解炉 127 台产能 1387 万 t/a、催化剂 22 套，相关技术与装备已出口国外，总体处于国际领先水平。该成套技术引领了乙烯工业技术进步，支撑了我国乙烯工业快速发展，有力推动了我国石化工业和相关产业的发展，产生了巨大的经济效益和社会效益。

图 1　30 万 t/a 裂解炉

国家科学技术进步奖
证　书
为表彰国家科学技术进步奖获得者，特颁发此证书。
项目名称：复杂原料百万吨级乙烯成套技术研发及工业应用
奖励等级：一等
获 奖 者：中国石油化工股份有限公司
北京化工研究院
中华人民共和国国务院
2021 年 9 月 23 日
证书号：2020-J-213-1-02-D02

图 2　国家科学技术进步奖一等奖证书

共单体对烯烃共聚物微结构影响及相关聚合机理探究

- **获奖年度：** 2020 年
- **奖　　种：** 中国石化前瞻性基础性研究科学奖
- **等　　级：** 二等奖
- **完 成 人：** 王　伟　侯莉萍　郑　刚　范国强　李　森　张韬毅
- **成果简介：**

1. 背景及主要技术内容

近年来，具有新功能、高附加值的聚烯烃材料逐渐引起关注。与传统的 Z-N 催化剂相比，茂金属和其他单中心催化剂具有更优秀的聚合行为和共聚能力，可以有效地控制配位聚合，赋予聚烯烃材料独特的结构和性能。深入研究单中心催化剂的共聚合行为，可以为开发高性能、高附加值聚烯烃产品提供坚实的理论基础。本项目使用多种单中心催化剂，以乙烯及高级烯烃为主单体，高级烯烃和极性单体为共聚单体，研究其共聚合反应，从聚合机理角度，阐明了共单体对共聚合过程及聚合物结构性能的影响原因，有助于夯实材料设计的理论基础，从而开发具有新的组成、结构、性能及应用的材料，成果有助于中国石化提升产业品质。

2. 创新点 / 技术发明点

取得了三方面核心技术创新与成果：

（1）首次研究并发表了乙烯与极性单体共聚物的序列分布分析，首次发现短链极性单体易于形成连排结构，长链极性单体易于形成无规结构，并阐明了其聚合机理。

（2）高级烯烃与极性单体共聚，共单体链长与主单体链长接近时，聚合物熔点下降很少，链长差距较大时，共聚物熔点急剧下降。从结构上解释了这一现象。

（3）首次提出不同高级 α- 烯烃共聚时，共单体的“形状”与主单体相似时，所得共聚物微结构与主单体均聚物类似，“形状”差异越大，聚合物微结构的差异越大。从聚合机理上解释了这一现象。

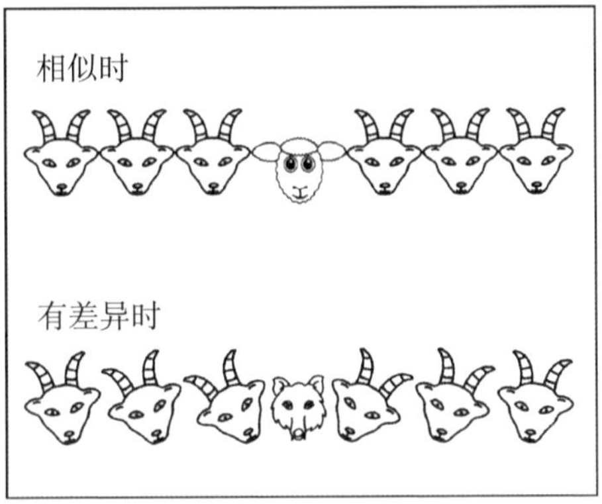

单体结构差异对共聚物立体规整性的影响

3. 本项目知识产权情况、工业应用推广情况及经济、社会效益、意义等

本项目已获中国发明专利授权 25 件，发表 6 篇论文。本项目采用小试溶液聚合，探索了烯烃聚合中单体结构与匹配对聚合行为和聚合物结构、性能的影响。首次发现极性单体链长对共聚物序列分布的影响，并建立了以单体结构调控聚合物结构的方法。在高级烯烃共聚中，首次发现结构相似的单体得到的共聚物规整度相似，结构差异大的单体得到的共聚物规整度降低。从聚合机理解释了上述现象，为高性能聚烯烃研发提供了新思路。基于上述方法与规律，小试制备了极性单体含量＞10%（摩尔）的功能化聚烯烃、熔点＞180℃的聚烯烃及极性单体与高级 α- 烯烃的共聚物，形成了聚烯烃材料功能化、高性能化的小试基础。

化学结构、结晶特性与聚酰胺光刺激响应关系研究

◆ **获奖年度：** 2020 年

◆ **奖　　种：** 中国石化前瞻性基础性研究科学奖

◆ **等　　级：** 三等奖

◆ **完 成 人：** 计文希　李　娟　许　宁　张龙贵　董　穆　王蔼廉

◆ **成果简介：**

1. 背景及主要技术内容

聚酰胺在熔融态加工过程中通常表现出较低的熔体强度，难以抵抗泡孔生长过程中承受的剧烈拉伸应力，已生成的泡孔也会进一步发生破裂与合并，因而得不到理想的聚酰胺微发泡材料。本项目聚焦聚酰胺熔体强度低、功能性应用开发不够的现状，深入研究了化学结构、结晶特性、力学性能与聚酰胺光刺激响应的关系。从分子层次上，引入共聚单体，可在不改变聚酰胺原有聚合工艺的条件下，提高聚酰胺的熔体强度以及相对黏度等，可提升现有聚酰胺装置的产品价值，以及可满足双向拉伸以及发泡等要求。

2. 创新点 / 技术发明点

取得了四方面核心技术创新与成果：

（1）使用聚集发光支化剂，制备得到了荧光聚酰胺。

（2）荧光性能随晶体结构变化，具备刺激响应性。

（3）优选的支化剂可增加聚酰胺的熔体强度，零剪切黏度增加 2 倍。

（4）高熔体强度尼龙 6，可满足双向拉伸以及发泡应用的要求。

3. 本项目知识产权情况、工业应用推广情况及经济、社会效益、意义等

本项目已获中国发明专利授权 3 件。聚酰胺是重要的工程塑料材料之一，随着汽车的小型化、电子电气设备的高性能化、机械设备轻量化的进程加快，对聚酰胺的需求将更大，也对聚酰胺产生了各种特殊的要求。本项目从分子层次上对聚酰胺材料进行设计，制备了具有光学性能的、高熔体强度的聚酰胺材料。首次将聚集发光材料用于聚酰胺中，制备了聚集发光聚酰胺材料，此方法不需要外加染料，此方法制备的聚酰胺材料荧光性能随晶体结构变化而变化，具有刺激响应性。由该项目制备的高熔体强度聚酰胺，可满足双向拉伸以及发泡等要求，填补了国内在聚酰胺发泡材料上的空白。

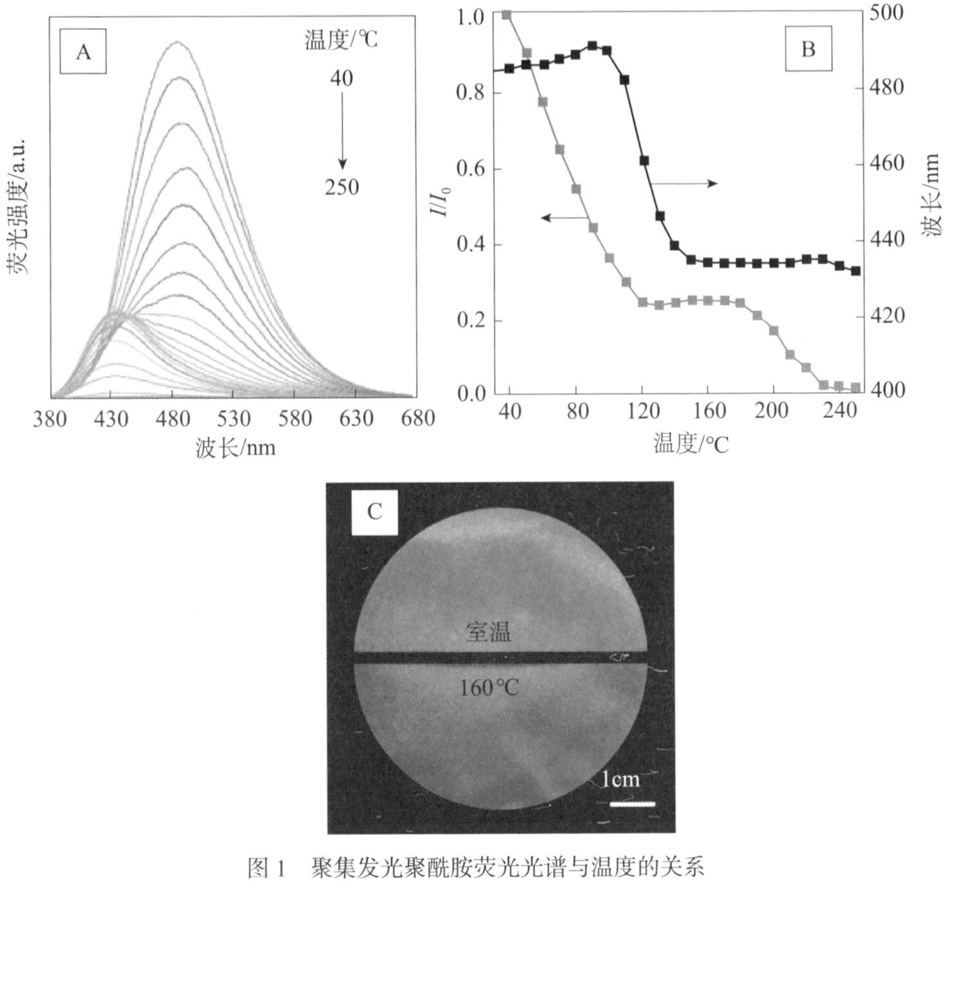

图 1 聚集发光聚酰胺荧光光谱与温度的关系

发泡颗料-表皮　　发泡颗料-泡孔　　发泡颗料-切面

图 2　聚酰胺 6 的发泡颗粒形貌

高品质树脂增韧用低顺橡胶关键技术开发及应用

- **获奖年度**：2020 年
- **奖　　种**：中国石化技术发明奖
- **等　　级**：一等奖
- **完 成 人**：梁爱民　李建成　吕万树　管建主　姚　胜　苏　彬　徐忠亮　吴春红
- **成果简介**：

1. 背景及主要技术内容

高抗冲聚苯乙烯树脂（HIPS）和连续本体丙烯腈－丁二烯－苯乙烯树脂（ABS）要求凝胶含量低、纯净无色、适中的接枝和交联活性、合理的橡胶相粒径及分布、低温无结晶。与其他改性橡胶相比，低顺式聚丁二烯橡胶（LCBR）具有凝胶含量低、色泽好、纯度高、质量均匀、不含过渡金属、分子链顺反 1,4-结构呈无规分布、低温无结晶等优点，是连续本体 HIPS/ABS 树脂最理想的改性橡胶。全球约有 8 家公司生产近 30 个 LCBR 牌号，分为线型产品和星型产品，线型产品占比约 60%，星型产品占比约 40%。但星型 LCBR 的技术难点制约了其国产化进程，高端产品全部依赖进口，且价格昂贵，质量不稳定。

本项目通过技术集成创新，实现了聚合、溶剂回收、产品后处理等 6 个工艺单元的整体技术提升，开发出了具有自主知识产权的 LCBR 成套工艺技术，并实现了两种高品质 LCBR 牌号的规模化生产，满足了国内外知名 HIPS/ABS 树脂企业对高性能改性橡胶的需求，并成功实现了进口替代。

2. 创新点 / 技术发明点

取得了五方面核心技术创新与成果：

（1）揭示了 LCBR 分子链精细结构、树脂橡胶相形貌与树脂宏观特性间的内在规律，确定了 LCBR 结构特征指标。

（2）探明了 LCBR 凝胶产生的机理，发明了弱链转移并行反应、长活性链终止和自由基交联抑制凝胶含量控制技术。

（3）揭示了树脂及 LCBR 色度产生的机制，发明了有机酸中和、沉淀平衡常数控制离子置换和抗氧剂循序注入色度控制技术。

（4）发明了 LCBR 凝聚胶粒形貌控制技术，实现了挥发分与凝胶含量的有效平衡和有害物质的高效脱除。

（5）通过生产装置改造和技术集成，开发出了具有自主知识产权的高品质树脂增韧用 LCBR 成套生产技术，创制出特定结构和性能的 4 种 LCBR 产品，满足了高品质 HIPS/ABS 树脂用胶要求。

3. 本项目知识产权情况、工业应用推广情况及经济、社会效益、意义等

本项目获国外授权发明专利 16 件，申请中国发明专利 29 件，其中 18 件已获授权，申请中国石化专有技术 3 项。在燕山石化 3 万 t/a 丁苯装置上实现了 2 个 LCBR 牌号的商业化生产，在高桥石化、英力士苯领、广州石化、赛宝龙和星辉等 HIPS/ABS 树脂生产装置上实现了规模化应用，所产 HIPS/ABS 树脂的各项性能与采用进口改性橡胶一致。本项目填补了中国石化间歇法高端 LCBR 产品空白，打破了高品质 HIPS/ABS 改性用高性能 LCBR 长期依赖进口的局面，实现了锂系聚合物生产装置的柔性化和高附加值化，具有很好的经济效益和社会效益。

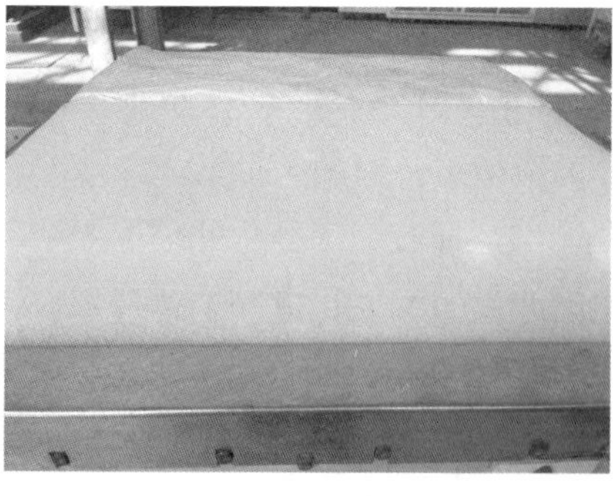

图 1　LCBR1302

图 2　低顺式聚丁二烯橡胶生产装置

高性能有机气体分离膜制备及膜法 VOCs 回收处理成套技术开发

- **获奖年度：** 2020 年
- **奖　　种：** 中国石化技术发明奖
- **等　　级：** 二等奖
- **完 成 人：** 魏　昕　栾金义　杨　丽　王　刚　沈云辉　张新妙　刘春祥　孙　杰
- **成果简介：**

1. 背景及主要技术内容

有机气体分离膜技术是一种新型的分离技术，具有过程连续、无放热、能耗低、装置小、无二次污染等优点，是目前发达国家主流的 VOCs 治理技术。我国在 VOCs 回收处理领域需求巨大，但由于膜产品和成套技术掌握在国外几家公司手中，高昂的膜售价和工艺技术的严密封锁，严重影响气体分离膜技术在我国的推广应用。本项目通过硅烷氧化法构建纳米级超薄、超亲油分离功能层，获得分离性能接近罗伯森上限的有机气体分离膜；采用分子印迹技术实现基膜孔径的精准调控，制备了孔径适宜且分布均一的基膜；构建半互穿网络结构，提高了基膜力学强度和热稳定性；开发了有机溶剂表面微溶解处理技术，避免功能层制备过程中的孔渗现象；发明了具有自动纠偏、磁粉制动、光电传感和遥感控温功能的分离膜连续制备技术与生产装备，解决了传统制膜方法无法自动化、规模化、标准化、连续化生产这一领域难题；开发了卷式和碟片式膜组件，形成了 3 系列多款式膜产品，实现了对进口商品膜产品的替代；开发了二级膜双循环 VOCs 回收成套技术，克服了困扰炼化企业的不可凝气体积累、苯系物指标严苛、废气

VOCs 浓度高三大处理难题，形成了成套工艺包。

3. 创新点 / 技术发明点

取得了四方面核心技术创新与成果：

（1）开发了新型硅烷氧化和预交联刮膜工艺技术；设计并构建了有机硅氧烷功能层结构，获得了超薄功能层；设计并构建了共混嵌段共聚物、掺杂无机纳米粒子，提高有机物的亲和效果并构建传递“通道”。

（2）优化分子印迹法、构建半互穿网络结构法制备基膜；开发了“表面微溶解”技术，避免“孔渗现象”，保证功能层与基膜牢固结合，提升膜寿命和抗溶胀性能。

（3）开发了连续制备工艺，可自动化、连续稳定制备有机气体分离膜；开发了 3 系列多牌号气体分离膜产品。

（4）开发了二级膜双循环 VOCs 回收成套技术，通过对两级膜材料的选择和参数调控，可高度浓缩轻烃作燃料气回用，使涉苯废气回收率达 99.8%，并提升成套技术抗冲击负荷能力。

3. 本项目知识产权情况、工业应用推广情况及经济、社会效益、意义等

本项目已获中国发明专利授权 13 件，获中国石化专有技术 2 项。本项目经过近十年的科技攻关，通过对成膜机理和分离结构调控机制的探索与研究，开发出创新的高性能气体分离膜与膜制备工艺，获得系列有机气体分离膜产品，实现

图 1　天津石化项目现场

对进口产品的替代。开发的膜产品和膜法 VOCs 回收技术，自 2013 年以来，在中国石化催化剂有限公司、燕山石化、天津石化、中沙石化、武汉石化等企业得到应用。本项目技术打破国外技术垄断，形成中国石化自有核心技术的气体分离膜产品和膜法 VOCs 回收成套技术，获得可观的经济效益和社会效益，有效提升了中国石化膜技术应用水平。

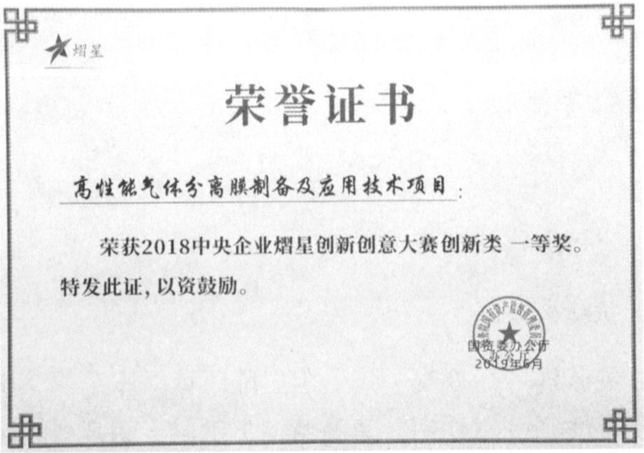

图 2　2018 中央企业熠星创新创意大赛创新类一等奖获奖证书

功能性高分子膜材料关键技术攻关

◆ **获奖年度：** 2020 年

◆ **奖　　种：** 中国石化科技进步奖

◆ **等　　级：** 特等奖

◆ **完 成 人：** 吴长江　徐振发　焦　阳　陈燕斌　庄　毅　张师军
吴文清　戴钧明　唐毓婧　王洪学　胡声威　孙　冰
管炳伟　赵　鹏　唐成华　胡腊梅　余莹波　周代红
于是如　吕晓东　李　鑫　叶晓峰　黄正梁　高达利
崔宇辉　李金平　刘轶群　肖田鹏飞　王晓飞　郭　敏

◆ **成果简介：**

1. 背景及主要技术内容

膜材料是诸多学科交叉结合、相互渗透产生的，经过多年发展，功能性膜材料几乎应用于国民经济各个产业。功能性高分子膜材料作为膜材料的最重要分支，是以少量原材料实现功能性应用的节能型材料，是功能性最多的一类产品。通过聚合物分子链结构、凝聚态结构、孔隙结构、复合结构等调控，膜材料可实现阻隔、分离、导通离子、滤光等一系列功能。

本项目以与人民生活和制造业升级密切相关的高分子功能性膜材料为目标，结合中国石化的产业优势，按照“基础 + 高端”路线，在基础材料方面，完成结构性升级，提升产品质量，提升当前激烈竞争环境下膜材料的产品竞争力。在高端材料方面，完成关键技术攻关，解决影响产业发展的核心材料缺失问题，打破技术封锁，实现产品高端化，提升中国石化在高端材料市场的竞争力。

本项目聚焦合成材料高端化和高分子膜产业技术升级，通过材料结构与性能、聚合工艺、成膜工艺等基础研究，解决一系列相关科学问题、技术问题、工程问题和生产应用问题，突破其关键核心技术，形成了包含催化剂、聚合工艺、加工及应用、市场推广的成套技术，开发了针对市场需求的系列功能性高分子膜材料新产品。

2. 创新点 / 技术发明点

在高分子功能膜领域取得了八方面技术创新与成果：

（1）开发了国际领先的可控冷凝态高性能线型低密度聚乙烯（LLDPE）制备关键技术。

（2）开发了国际先进“一步法”水溶性和阻隔性热塑性聚乙烯醇（TPVA）工艺技术。

（3）开发了乙烯 - 乙烯醇共聚物（EVOH）工艺技术，完成了国内首套万吨级 EVOH 工艺包。

（4）开发了梯度孔径分布的拓扑结构超滤膜及膜组件和技术指标世界领先的纳滤膜工艺技术。

（5）开发了平膜法 LLDPE-BOPE（双向拉伸聚乙烯薄膜）专用料工业化生产技术，性能指标达到世界领先水平；开发氯化聚乙烯（CPE）专用料填补了国内空白。

（6）开发了性能指标达到国际先进水平的膜用聚酯合成技术和产品、低成本的 PET- 聚 2,6- 萘二甲酸乙二酯（PEN）共聚酯（PETN）膜连续生产技术和双向拉伸尼龙薄膜（BOPA）生产技术。

（7）建设了膜材料研究及评价基础科学研究平台，开发了膜材料研究系列新方法，揭示了膜材料构效关系。

（8）开发了 5 套成套技术，17 类新产品（2 类国际领先、9 类国际先进、6 类国内领先）。

3. 知识产权情况、工业应用推广情况及经济、社会效益、意义等

本项目形成具有自主知识产权的 5 套成套技术，其中可控冷凝态高性能聚乙烯制备成套技术、高性能水处理膜成套技术达到国际领先水平；TPVA 制备成套技术、BOPE 和 CPE 专用料及其薄膜制备技术达到国际先进水平；EVOH 制备技术填补国内空白。本项目已申请国内外发明专利 151 件，已获得专利授权 36 件，专有技术 2 项，发表论文 75 篇（SCI 类 28 篇）。

同时，项目开发了 17 类高性能新产品，其中 BOPE 专用料和纳滤膜产品达到国际领先水平，PO 棚膜专用料等 9 类达到国际先进水平，PETN 共聚酯等 6 类达到国内领先水平。已在新能源、现代农业、节能环保、智能显示、医疗卫生、食品安全等领域成功应用，部分产品进入日本等国际市场。

本项目建立了“产、销、研、用”功能性高分子膜材料全产业链的技术创新和产业平台。推进了相关合成材料高端化和产业技术升级，实现了相关技术的自主可控，提升了中国石化在高端材料市场的竞争力。

图 1　双向拉伸聚乙烯薄膜

图 2　增强型超滤膜

环保型高刚高韧聚丙烯树脂开发

◆ 获奖年度：2020 年

◆ 奖　　种：中国石化科技进步奖

◆ 等　　级：二等奖

◆ 完 成 人：宋文波　孟鸿诚　肖树萌　邹发生　徐毅辉　邵静波　翁贤华
邓志浩　高永平　刘宣伯　刘国强　蒋文军

◆ 成果简介：

1. 背景及主要技术内容

抗冲聚丙烯广泛用于汽车、家电等领域，与人们生活密切相关。随着行业的发展，对抗冲聚丙烯的性能要求越来越高，现有树脂产品刚韧性能不能满足制品要求、VOCs 含量超标、气味大的问题越来越显著，制约了其在汽车部件等封闭场合的使用。从机械性能上看，如果能做到高结晶聚丙烯刚性和抗冲聚丙烯韧性相结合，必将使得聚丙烯注塑制品的性能有根本性的提升。聚丙烯制品在封闭空间使用时，材料的 VOCs 含量，有无异味，决定了环境内人们感觉的舒适性和对人体的危害程度。

本项目率先研究发现 VOCs 和气味产生的原因，通过催化剂、多相结构调控、助剂、强化脱挥创新，在国内首创低 VOCs 高刚高韧聚丙烯树脂制备技术。开发了系列高性能聚丙烯牌号，实现大规模应用。

2. 创新点 / 技术发明点

取得了六方面核心技术创新与成果：

（1）率先研究发现聚丙烯树脂中 VOCs 的组成及产生原因。发现聚丙烯树脂的 VOCs 主要为 C_6 ～ C_{18} 的烷烃，且绝大多数是 C_3 的整数倍的烷烃。VOCs 主要来自抗冲聚丙烯均聚物生产阶段。

（2）以优选催化剂制备出低 VOCs、低气味、高刚性聚丙烯，产品具有分子量分布窄、立构规整度高的特点。

（3）发现橡胶相与连续相相容性对树脂刚性、韧性的影响规律，提出高刚高韧聚丙烯的相结构控制关键指标。结合相结构调控、助剂、强化脱挥创新，开发了环保型高刚高韧聚丙烯生产技术。

（4）开发 M60RHC、M50RH 等 7 个牌号系列低 VOCs 高刚高韧聚丙烯树脂新产品，具有低 VOCs、低气味、高刚、高韧等特点，在汽车内饰等领域广泛应用。

3. 本项目知识产权情况、工业应用推广情况及经济、社会效益、意义等

已申请中国发明专利 7 件，已获授权 5 件。所开发的环保型高刚高韧聚丙烯树脂制备技术具有自主运作权。本技术产品是现有中高熔指抗冲聚丙烯的升级换代产品，与通用聚丙烯产品相比，生产本项目产品可平均多获利 1200 ～ 1500 元 /t，在汽车内饰件、家用电器等高端领域推广应用，具有低 VOCs、低气味、高流动性、高刚、高韧等特点，得到上海普利特复合材料股份有限公司、金发科技股份有限公司等行业代表性企业高度认可。国内汽车改性和家用电器对环保型高韧聚丙烯的需求超过 50 万 t/a，本技术产品的性能明显优于现有产品，未来的市场前景极为可观。

环保型高刚高韧聚丙烯产品用于汽车门板

AEB 反硝化处理合成气制乙二醇高硝氮废水

- **获奖年度：** 2020 年
- **奖　　种：** 中国石化科技进步奖
- **等　　级：** 二等奖
- **完 成 人：** 程学文　周　荆　安景辉　张　宾　杨　玘　胡　进　郑　蕾　胡亚敏　王　玿　熊梦辉　吴海鑫　莫　馗
- **成果简介：**

1. 背景及主要技术内容

本项目针对某合成气制乙二醇装置高硝氮废水处理难度大、无成熟处理技术的实际情况，经过小试和现场中试验证，创新开发了液固两相流生物缺氧膨胀床（AEB）反应器，并完成成套技术工艺包开发和工程化技术研究，建成首套 AEB 工业装置，实现了合成气制乙二醇装置高硝氮废水的稳定高效处理，保障了企业污水总排口稳定达标排放。

2. 创新点 / 技术发明点

取得了三方面核心技术创新与成果：

（1）创新使用了新型天然生物载体：①基于液固两相流生物流化床反应器流体力学特性，研究开发了天然果壳颗粒作为 AEB 生物载体；②首次在 AEB 工业装置上把果壳颗粒作为生物载体使用。

（2）创新开发了工业规模的 AEB 反应器设备及装置：① AEB 反应器设备为立式圆筒形，自下往上包括以下三个功能区：气水分布区、生物载体区和三相分离区。②自主开发了 AEB 成套技术工艺包，并建成设计处理规模为 15t/h 的 AEB 工业示范装置。

（3）取得了理想的处理效果：工业应用结果表明，AEB 技术和装置具有硝酸盐氮去除率高、硝酸盐氮去除容积负荷高、占地面积小、运行稳定等优点。

3. 本项目知识产权情况、工业应用推广情况及经济、社会效益、意义等

本项目申请中国发明专利 30 件，已获授权 10 件；申请中国实用新型专利 3 件，均已获授权。AEB 工业装置设计处理规模为 15 t/h，并联设置两台 AEB 反应器。应用结果表明，AEB 工业装置运行稳定，占地面积小，处理负荷高，可有效处理合成气制乙二醇装置高硝氮废水，保障了企业外排污水的稳定达标排放。

除了硝酸盐氮全程异养反硝化转变为氮气之外，AEB 技术还可以用于硝酸盐氮部分反硝化转变为亚硝酸盐氮（异养或自养）、厌氧氨氧化（亚硝酸盐氮和氨氮发生自养反应转变为氮气）、硝酸盐氮全程自养反硝化转变为氮气以及厌氧去除 COD 生成沼气等方面，具有良好的推广应用前景。

缺氧生物膨胀床在某企业应用现场

高活性自适应氢调性催化剂开发及在系列高刚性聚丙烯开发中的应用

◆ 获奖年度：2020 年

◆ 奖　　种：中国石化科技进步奖

◆ 等　　级：二等奖

◆ 完 成 人：徐秀东　刘　琤　谭　忠　曾芳勇　周奇龙　张锦波　张　锐　卢建军　宋维玮　何　伟　陈　新　王精炼

◆ 成果简介：

1. 背景及主要技术内容

中国聚丙烯行业将面临生产企业数量不断增多、平均利润率连续降低、产品同质化竞争加剧、进口资源继续冲击中国大陆市场等一系列挑战。产品的差异化和高附加值化是应对挑战的唯一选择。

催化剂是新产品开发的核心要素。氢气是聚合反应中的链转移剂，可调节聚丙烯的分子量。一般而言，开发高熔体流动速率（MFR）产品时需要催化剂具有良好的氢调敏感性，从而减少氢气的用量，降低生产时的氢气浓度；而开发低 MFR 的产品时，需要催化剂对氢气不太敏感，以适当增加氢气用量从而降低装置操作的难度，并提高产品质量的稳定性。这对既要生产极高 MFR 产品，又要生产极低 MFR 产品的装置是一个矛盾和困扰。

本项目开发的催化剂适用于本体和气相聚合工艺，具有特有的氢调自适应性能，即生产低 MFR 产品时氢调特别不敏感，生产高 MFR 产品时氢调特别敏感。基于此催化剂开发的聚丙烯新产品性能达到进口同类产品水平。

2. 创新点 / 技术发明点

取得了三方面核心技术创新与成果：

（1）采用独有析出成型技术和自有内给电子体技术，开发了具有特定组成、高活性且特有氢调自适应性能的新型丙烯聚合催化剂，综合性能达到国际先进水平。

（2）开发了低 MFR 为 0.2 ～ 0.5g/10min 的高刚性结构壁管材料，替代进口产品稳定应用。

（3）在装置上开发了 3 个 MFR 为 40 ～ 100g/10min 的高熔指高刚性抗冲共聚丙烯产品，性能达到进口同类产品水平。

3. 本项目知识产权情况、工业应用推广情况及经济、社会效益、意义等

本项目已获中国授权发明专利 2 件，具有自由运作权。

本项目开发的聚丙烯催化剂已在扬子石化和洛阳石化 HYPOL（三井）装置以及 Innovene、Novolen 等气相装置推广应用，并在此基础上开发了高性能的纤维料、薄壁注塑料以及中高熔体流动速率的无规共聚专用料等。BCZ-208 催化剂的成功开发及应用，将提高中国石化丙烯聚合催化剂的市场竞争力，为中国石化树脂生产企业提供更多催化剂选择，促进催化剂及相应聚丙烯树脂生产技术进步。

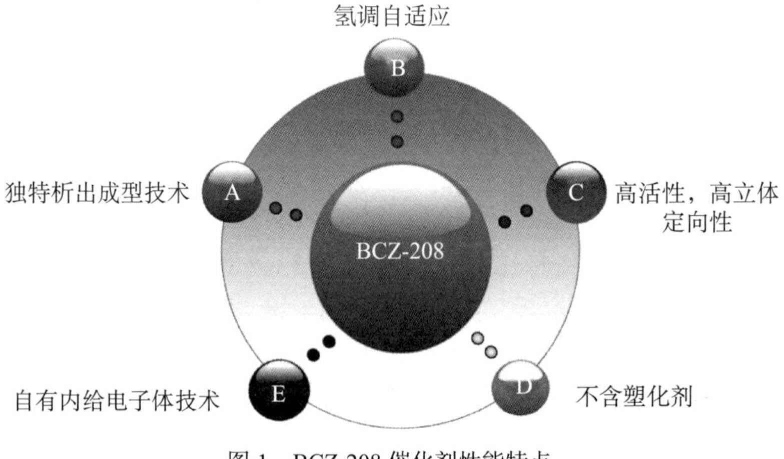

图 1　BCZ-208 催化剂性能特点

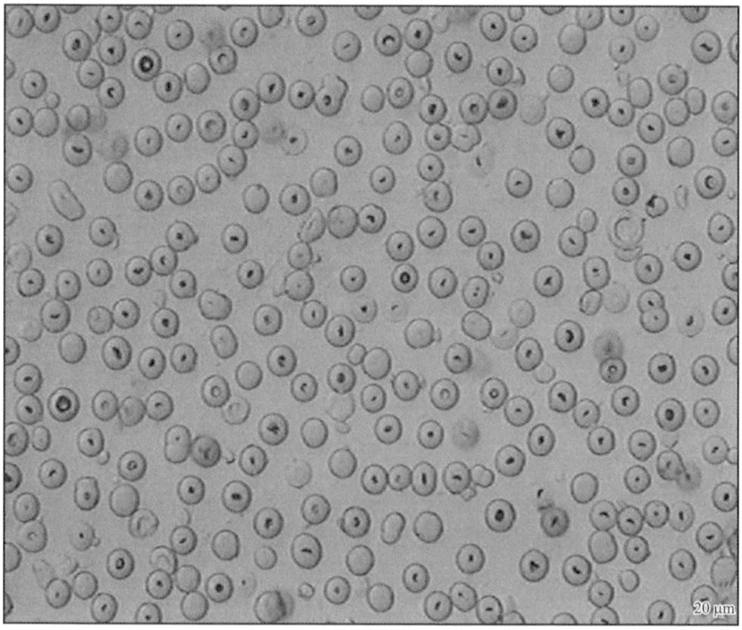

图 2　BCZ-208 催化剂颗粒形貌

河南油田高温油藏化学驱提高采收率技术

- **获奖年度：** 2020 年
- **奖　　种：** 中国石化科技进步奖
- **等　　级：** 二等奖
- **完 成 人：** 郭　艳　伊　卓　李应成　陶光辉　鲍新宁　黄凤兴　袁俊秀　薛国勤　李　岩　刘峥君　刘　希　沙　鸥
- **成果简介：**

1. 背景及主要技术内容

河南油田化学驱Ⅰ类、Ⅱ类油藏规模储量已全部动用，剩余化学驱储量主要为Ⅰ、Ⅱ类复杂小断块和Ⅲ、Ⅴ类储量，其中Ⅲ、Ⅴ类储量 6135 万 t，尚未有效动用。攻关高温油藏化学驱技术，更大幅度提高采收率（挑战 60%），把化学驱技术应用范围继续扩展到Ⅲ类、Ⅴ类储量的高温油藏，解决河南油田高温低渗油藏水驱后进一步提高采收率的技术难题，整体实现对Ⅰ类、Ⅱ类储量的化学驱产量接替具有重大的现实意义。

本项目针对河南油田双河Ⅶ 1-3 层系和Ⅳ 5-11 层系油藏区块条件及需求，攻关耐温聚合物驱油产品和高效的表面活性剂，形成了高温油藏化学驱全过程调控关键技术，实现了高温油藏化学驱应用突破。

其中针对双河Ⅶ 1-3 层系油藏区块条件，开发了高温聚合物驱先导试验用新型耐温聚合物，与普通聚丙烯酰胺相比，新型耐温聚合物溶液耐温抗盐性、抗剪切性、耐水解性比普通聚丙烯酰胺更强，保水增黏作用突出；微观实验表明新型耐温聚合物在驱动力和黏弹性双重作用下携带剩余油，比普通聚合物更容易形成稳定的“油丝”通道，不同渗透层均有明显贡献，具备良好的增油降水的驱油效果。

2. 创新点 / 技术发明点

取得了三方面技术创新与成果：

（1）突破了传统聚合物使用温度上限，创制了适用于 80 ～ 105℃油藏高分子量部分水解支化磺化聚合物产品，在国内首次在 95℃高温油藏采用污配污稀开展现场应用，主体区提高采收率 5.3 个百分点。

（2）首创了超高界面活性阴 – 阳离子表面活性剂及三元复合驱油体系，首次应用于高采出程度高油藏温度砂砾岩油藏，现场提高采收率 12.1 个百分点，油藏采收率达 65%。

（3）形成了高温油藏化学驱全过程调控关键技术，实现了高温油藏化学驱应用突破。

3. 知识产权情况、工业应用推广情况及经济、社会效益、意义等

本项目已获中国发明专利授权 70 件，国际发明专利授权 3 件，认定中国石化专有技术 3 件，形成了完整自主知识产权，发表论文 30 篇，制定企业标准 7 项。

本项目开发的新型耐温驱油聚合物和超高界面活性阴 – 阳离子表面活性剂及三元复合驱油体系在河南油田双河Ⅶ 1-3 层系和 IV5-11 层系完成现场应用，覆盖地质储量 665 万 t。项目期间，两个区块累计增油 35.90 万 t，新增销售收入 43006.15 万元，新增利润 12149.91 万元。其中，开发的耐温聚合物在双河Ⅶ 1-3 层系阶段累计增油 6.2 万 t，主体区阶段提高采收率 5.3 个百分点。本项目的研究与应用扩大了化学驱技术的应用范围。河南油田Ⅲ类以上地质储量 5354.7 万 t，按提高采收率 6% 计算，推广应用后可增加经济可采储量 321.28 万 t。中国石化适合化学驱的Ⅲ类储量 46479 万 t，按提高采收率 6% 计算，增加可采储量 2788 万 t，可为中国石化同类型油藏提高采收率提供技术支撑，具有良好的应用前景。

新型耐温驱油聚合物产品

丙酮加氢制异丙醇催化剂的研发及工业应用

◆ **获奖年度：** 2020 年

◆ **奖　　种：** 中国石化科技进步奖

◆ **等　　级：** 三等奖

◆ **完 成 人：** 田保亮　唐国旗　杨　溢　戴　伟　彭　晖　向良玉　宋　超　李宝芹

◆ **成果简介：**

1. 背景及主要技术内容

随着苯酚丙酮装置产能不断扩大，丙酮的结构性过剩越来越严重，亟须为其寻找下游应用。且丙酮作为易制毒产品，丙酮的销售和运输有时会受到限制，给苯酚丙酮装置运行带来一定困难。在苯酚丙酮装置中增建丙酮加氢和异丙醇脱水单元，可使丙烯在酚酮装置内形成循环使用的闭环运行，实现酚酮装置产品结构的灵活性和经济效益最大化，从根本上解决酚酮装置的难题。

为了解决丙酮结构性过剩问题和开发高品质异丙醇，本项目开发了两种丙酮加氢制异丙醇催化剂。其中改进型镍系催化剂通过多种手段调节催化剂改变了载体的表面性质和负载组分电子环境，抑制了副反应发生，在保持高转化率和高选择性的前提下，将催化剂寿命从 2.5 年提高至 7 年；高空速型铜系催化剂可减小反应器尺寸，根据所研发的器外还原技术，反应器设计温度从 290℃降至 160℃，使用前活化时间由 15 天降至 2 天。

2. 创新点 / 技术发明点

取得了三方面核心技术创新与成果：

（1）研究了载体前驱体，创制出孔道结构丰富的新型氧化铝载体，优化了扩散性能，提高了稳定性；调变催化剂减少异丙醇脱水反应，降低重组分量；添加复合助剂改变镍电子环境和分散度，减少了不凝性气体。

（2）研究了活性金属 / 助剂的种类及含量，通过添加复合助剂减少了不凝性气体、异丙醚和重组分生成，研制出高空速型铜系催化剂，已连续工业运行 9 年，表现出优异的稳定性。

（3）开发了器外还原技术，降低了反应器设计温度，缩短了使用前处理时间。

3. 知识产权情况、工业应用推广情况及经济、社会效益、意义等

本项目已获中国发明专利授权 8 件，中国石化专有技术 1 项。两种催化剂分别在国内多套丙酮加氢装置上进行了工业应用，丙酮转化率均大于 99.5%，异丙醇选择性均大于 99.8%，使用寿命超过 7 年。累计推广催化剂 130t，生产异丙醇近 50 万 t，装置能耗低，无“三废”产生，经济效益和社会效益显著。

两种丙酮加氢制异丙醇催化剂

新型绿色健康小中空树脂技术的开发

◆ **获奖年度：**2020 年

◆ **奖　　种：**中国石化科技进步奖

◆ **等　　级：**二等奖

◆ **完 成 人：**李　颖　周雪云　苟清强　杨金生　曹昌文　郑　昌　俸艳芸　邓起垚　靳鹏举

◆ **成果简介：**

1. 背景及主要技术内容

Innovene S 工艺是近些年发展迅速的聚乙烯淤浆聚合工艺，该工艺 90% 的产品主要是采用钛系催化剂生产双峰管材料和双峰膜料，采用铬系催化剂生产中空料。由于目前 Innovene S 工艺装置在采用钛系催化剂生产双峰 PE100 管材料时，第二反应器的轴流泵功率增长过快，因此必须转产铬系催化剂生产小中空牌号，否则装置无法正常运行，需要铬系和钛系催化剂之间进行频繁的不连续切换，这种频繁的不连续切换不仅会增加装置出现问题的概率，而且会产生大量的过渡料，给企业造成很大的经济损失。

本项目首次设计了全新分子结构的钛系小中空的树脂结构，实现了使用国产钛系催化剂在 Innovene S 工艺装置上自主开发新型结构绿色健康小中空树脂牌号的关键技术，在聚乙烯领域为催化剂－高性能树脂产品的一体化开发进行了成功的尝试，形成了批量稳定生产的能力。关键性能指标冲击强度提高了 35%，耐环境应力开裂性能是铬系中空树脂的 2.6 倍。

2. 创新点 / 技术发明点

取得了三方面核心技术创新与成果：

（1）采用全新分子结构设计，首次在 Innovene S 工艺装置上开发了绿色健康新型钛系宽峰小中空树脂牌号，填补了该工艺牌号技术的国内空白。

（2）首次实现了在 Innovene S 工艺装置上 PE100 管材和小中空树脂牌号之间的不停车连续生产，解决了进口钛系催化剂难以长周期生产和难以生产小中空树脂的难题，解决了 Innovene S 工艺装置使用钛系、铬系催化剂切换导致的频繁停车难题，装置连续安全生产周期处于世界先进水平。

（3）新型结构钛系小中空树脂新产品绿色健康，具有析出物少、不含有毒金属等优点，具有优异的卫生性能和优异的力学性能，产品已通过欧盟 RoHS 标准认证，用于生产食品包装、医药包装、日化品包装等。

3. 本项目知识产权情况、工业应用推广情况及经济、社会效益、意义等

本项目已获中国授权发明专利 6 件。在中韩（武汉）石化 Innovene S 工艺装置上开发了新型高性能小中空树脂牌号，综合性能优异，特别是树脂具有低析出物、无有毒金属等优点，可用于食品包装、医药包装和日化品包装等，已在杭州娃哈哈集团公司、立宝包装材料有限公司、荆州楚天模具塑料有限公司、四川新升塑料实业有限公司等下游厂家进行了推广应用。

采用先进的淤浆聚乙烯催化剂技术在 Innovene S 工艺装置上开发新型结构绿色健康钛系小中空树脂可大大减少过渡料产量，为工厂带来可观的经济效益，具有显著的社会效益。

钛系小中空树脂制备的小中空制品

绿色节能釜压发泡聚丙烯材料制备关键技术及其应用

- **获奖年度：** 2020 年
- **奖　　种：** 中国石油和化学工业联合会技术发明奖
- **等　　级：** 二等奖
- **完 成 人：** 郭　鹏　徐耀辉　吕明福　张　峰　张师军　李　杰　张斌波　高达利
- **成果简介：**

1. 背景及主要技术内容

得益于机械性能、热性能、轻量化和环境友好性等方面具有的独特综合优势，聚丙烯发泡材料广泛应用于新能源汽车、5G 通信、无人机、物流、节能保温、精密机械电子产品周转包装等领域。釜压发泡工艺制备聚丙烯发泡珠粒（EPP）的闭孔率高，力学性能良好；采用安全、环保的二氧化碳作为发泡剂，不含有交联结构，可回收利用，绿色低碳环保，符合循环经济要求。EPP 发泡珠粒可以按照实际应用需要，采用模塑成型的方法可以一次性制备目标产品。

本项目结合市场需求，致力于开发具有自主知识产权的釜压发泡专用聚丙烯的催化助剂体系和聚合技术、环保釜压发泡技术、泡孔调控技术、复合绝热技术、高效阻燃长效防静电技术、耐水抗菌技术和低能耗模塑成型技术。本项目的开展，可以打破外国公司对聚丙烯发泡材料及其专用 PP 树脂技术的垄断和封锁，开发具有自主知识产权的产品，并对轻量化产业的发展及核心技术升级具有积极意义，符合我国在高端制造业、节能减排、供给侧改革补短板等方面的政策，必将产生良好的经济效益和社会效益。

2. 创新点 / 技术发明点

取得了四方面核心技术创新与成果：

（1）建立了釜压发泡聚丙烯基础树脂的分子构建及结晶性能控制技术，实现了力学性能与加工性能的平衡与统一。获中国发明专利授权 3 件，美国发明专利授权1项，建立1项企业标准。基础树脂替代进口原料，综合性能达到了国际领先水平。

（2）计算模拟、设计并优化釜压发泡装置，提升了釜压发泡效率，形成了系统化绿色环保釜压发泡技术。中获国发明专利授权 7 项。

（3）采用固相复合手段，实现了聚丙烯与功能性助剂的聚集态结构和相 / 界面结构的调控。拓展了 EPP 在建筑节能保温领域的应用。建立了高效 EPP 专用抗菌体系。形成了高效阻燃抗静电抗菌功能化技术。获中国发明专利授权 7 项，美国发明专利授权 2 项。

（4）确定了聚丙烯多层次多尺度结构、发泡速率与发泡材料结构 - 性能关系。获中国发明专利授权 5 项。

3. 知识产权情况、工业应用推广情况及经济、社会效益、意义等

本项目获得中国发明专利授权 22 项，美国发明专利授权 3 项。在上海石化成功实现了绿色环保釜压发泡专用聚丙烯的工业化应用，2017—2019 年累计生产聚丙烯近 2.5 万 t，新增销售额近 2.1 亿元，新增利润近 2500 万元。该项目开发的聚丙烯树脂以及绿色环保釜压发泡技术，用于倍率可控、泡孔致密均匀、色泽均匀、质量稳定的包装用 EPP 发泡珠粒的生产，珠粒及最终模塑产品内无二氧化碳残留，对环境无污染。

图 1　EPP 珠粒

专用树脂及釜压发泡技术在多家公司推广应用，降低了企业生产能耗，提高了生产效率。新增销售收入 1.23 亿元，新增利润 1150 万元。发泡珠粒产品在下游模塑成型企业应用时，模内成型水蒸气压力降低 25%，节能减排效果明显。同时，模塑制品表面平整度提高，得到下游成型厂家的肯定与好评。

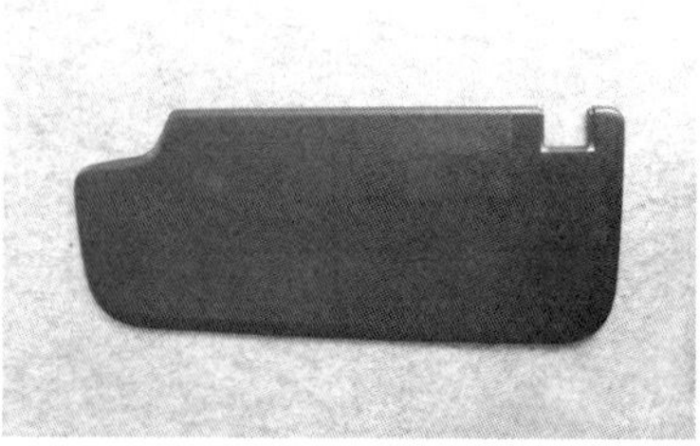

图 2　EPP 珠粒制品

低析出物超透聚丙烯开发及工业化

◆ **获奖年度：**2020 年

◆ **奖　　种：**中国石油和化学工业联合会科技进步奖

◆ **等　　级：**三等奖

◆ **完 成 人：**毛远洪　梁胜彪　封水彬　侯莉萍　邹文桢　蒋文军　易志勤　柯君豪　胡慧杰　吕　芸　邓志浩　李　伟　黄红霞

◆ **成果简介：**

1. 背景及主要技术内容

聚丙烯用作纤维、薄膜、管材和注塑件等在家用电器、汽车、包装、建筑、医疗、生活用品等方面都有着广泛的应用。但是等规聚丙烯低温脆性较大，抗冲性能较差，同时膜用结晶聚丙烯的热合温度高，热合温度范围小，存在热合部分的焊接和熔融差问题。以乙烯为共聚单体的共聚产品可以改善产品的上述性能，透明性好，但小分子析出物含量高，容易向制品表面迁移，难以满足食品包装用材的国内外相关卫生标准要求。开发高透明、低析出物的聚丙烯产品是整个聚烯烃行业及食品容器、包装行业亟待解决的难题。

丙烯－丁烯无规共聚物与丙烯－乙烯无规共聚物相比，透明性、刚性、表面非黏着性平衡较好，室温可溶物含量低，相应的薄膜或制品具有更少的表面迁移物，因而是业界研究的重点。从资源的综合利用方面考虑，近几年，为提高裂解装置的综合效益，许多国家都在研究新的碳四烃利用技术，以提高碳四烃类副产物的利用率和附加值。

2. 创新点 / 技术发明点

取得了三方面技术创新与成果：

（1）开发了环管工艺生产低析出物超透丙丁共聚物的工业化技术。

（2）首创了注塑用低析出物超透丙丁共聚聚丙烯系列产品。开发出三个丙丁共聚新产品，产品雾度低至 8.3%，正己烷析出物含量低至 0.138%（质），卫生安全性远高于传统乙丙共聚聚丙烯产品。

（3）首创了高强度低加工温度丙丁共聚 BOPP 专用树脂。开发出兼具高透明、高强度、低加工温度、低析出物等特性的 BOPP 专用树脂，产品拉伸模量达 1294MPa、雾度低至 0.7%（薄膜），加工温度较传统 BOPP 低 5 ～ 10℃。

3. 知识产权情况、工业应用推广情况及经济、社会效益、意义等

本项目申请发明专利 8 件，获授权 2 件，发表论文 4 篇，获 2019 年广东省科技进步奖二等奖。开发的系列产品综合性能优异，得到茶花现代家居用品股份有限公司、特百惠（中国）有限公司、宜家（中国）投资有限公司等知名企业的高度认可，产生了良好的经济效益和社会效益。

特百惠产品

制备长支链聚乙烯用催化剂技术研究开发

- **获奖年度：** 2020 年
- **奖　　种：** 中国化工学会基础研究成果奖
- **等　　级：** 二等奖
- **完 成 人：** 崔楠楠　王如恩　王洪涛　傅　捷　安京燕　纪卫民
- **成果简介：**

1. 背景及主要技术内容

长支链的聚乙烯具有优异的流变性能和熔体强度，是其他结构聚乙烯所不能比拟的。生产长支链聚乙烯的方法主要有铬催化剂低压聚合法、自由基高压聚合法、均相催化剂聚合法（限定几何构型催化剂和茂金属催化剂）、辐照法等，其中具有实际价值被广泛应用的是铬催化剂低压聚合法。铬催化剂生产的聚乙烯树脂含有长支链而且分子量分布很宽，因而具有独特的黏弹性和优良的加工性能，树脂适合生产各种尺寸的中空容器和管材，可以满足制膜、吹塑工艺要求。但是，该催化剂也同时存在诱导期长、聚合活性低、树脂灰分含量偏高、产品熔融指数偏低等缺点。

因此，开发高性能的国产铬系催化剂，生产灰分含量低、熔融指数高的长支链聚乙烯树脂将具有巨大的经济效益和社会效益，也将提高我国在该领域的技术水平。因此进一步加强我国在高性能铬系催化剂方面的研究，具有紧迫性和必要性，并直接影响着我国在该领域的技术进步和经济利益。

2. 创新点 / 技术发明点

取得了三方面核心技术创新与成果：

（1）通过对催化剂机理的探索，发现提高还原反应效率和引发的反应速率可以缩短诱导期增加聚合活性。

（2）通过催化剂分子结构设计，提高了还原效率和引发速率，进而提高催化剂的聚合活性 50% 以上，树脂灰分含量大幅减少。

（3）通过催化剂分子结构设计，采用钛改性铬催化剂，使树脂的熔融指数提高 20% ～ 50%。

3. 本项目知识产权情况、工业应用推广情况及经济、社会效益、意义等

目前国内采用气相流化床工艺生产的聚乙烯年产能超过了 900 万 t，占据了国内聚乙烯市场主流，预计未来五年年均产能增速超过 9%。然而气相流化床工艺生产的产品牌号单一、附加值低，主要以中低档通用料为主，竞争力较弱，同质化竞争严重。本项目开发的技术特别是气相流化床工艺生产长支链聚乙烯产品，有利于新产品的开发和材料的高性能化，推进产品向高端化、差异化、功能化发展，提升综合竞争力。该技术的使用必将产生良好的经济效益和社会效益，工业应用及推广的潜力非常大。

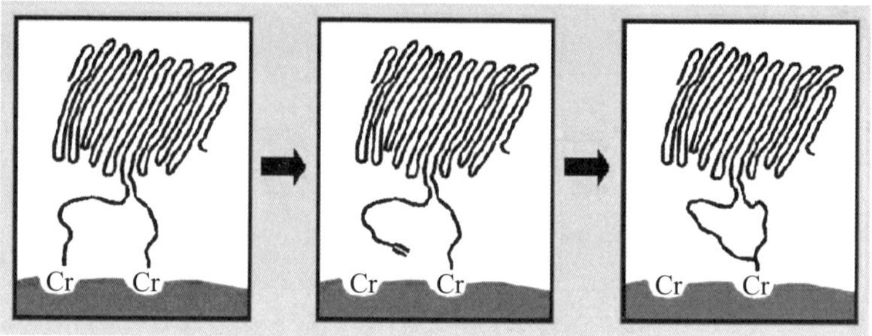

铬系催化剂制备长支链聚乙烯机理

10 万 t/a 抗菌聚丙烯树脂工业化关键性技术开发及应用

◆ **获奖年度：** 2020 年

◆ **奖　　种：** 中国化工学会科技进步奖

◆ **等　　级：** 二等奖

◆ **完 成 人：** 张师军　李　杰　何加强　初立秋　王金刚　蒋善君　高达利　杨芝超　卢　昶　尹　华　张　琦　李　丽　郭　鹏　任月明　王宇韬

◆ **成果简介：**

1. 背景及主要技术内容

抗菌塑料是一种对沾污其表面的细菌、霉菌甚至病毒等致病微生物繁殖起到抑制作用的材料，是公认的益于健康、卫生的新型材料。如何提高抗菌效率，提高持久性、耐水性，降低成本，实现大规模化生产及普及，一直是国内外学术界和产业界致力攻关的重要方向和主要难点。普通抗菌剂存在抗菌效率低，与聚丙烯等塑料相容性差，不易分散，易黄变，耐水性差，抗菌效果不持久等问题，通常需要添加 0.8% ～ 1.0%（质量）才能达到 99% 的抗菌率，成本高，易超过聚丙烯等工业聚合装置对助剂添加量的上限，成为制约大型聚合装置上抗菌聚丙烯树脂产业化的瓶颈问题。

本项目在聚丙烯装置上，在线添加高效复合抗菌助剂，工业化大规模生产抗菌聚丙烯树脂，实现了 10 万 t/a 的抗菌聚丙烯工业化，在聚丙烯、聚乙烯等树脂中添加自主研发的粉末橡胶复合抗菌剂 0.1% ～ 0.3%（质量），可使材料抗菌率＞99%，技术路线及产品性能均达到了国际领先水平。

2. 创新点 / 技术发明点

取得了两方面核心技术创新与成果：

（1）该项目开发了 10 万 t/a 抗菌聚丙烯树脂工业化成套技术，在齐鲁石化、扬子石化、镇海炼化、石家庄炼化等企业的聚丙烯装置上在线添加高效复合抗菌剂，工业化开发了一系列高性能抗菌聚丙烯树脂，耐水级抗菌树脂在水煮条件下（50℃、30 天）抗菌率＞99%，达到国际领先水平。

（2）发明了具有自主知识产权的高效超细粉末橡胶复合抗菌剂，在聚丙烯、聚乙烯等树脂中添加 0.1% ～ 0.3%（质量），可使材料抗菌率＞99%，防霉等级达 0 ～ 1 级，可满足细旦纺丝、流延薄膜、注塑、挤出、滚塑等多种加工应用，解决了普通抗菌剂在聚丙烯、聚乙烯等树脂中易团聚、抗菌率低、易变色、持久性差等问题。

3. 本项目知识产权情况、工业应用推广情况及经济、社会效益、意义等

本项目已获得中国授权发明专利 31 件，具有独立知识产权。抗菌聚丙烯树脂已经应用于抗菌家电、抗菌卫浴、抗菌管材、抗菌玩具、抗菌地毯、抗菌无纺布等多个领域，在海尔、海信、惠达卫浴、禧天龙、东升地毯、金发科技等企业进行了推广应用，得到了良好的反馈，累计生产过万吨，引领了抗菌高分子材料在国内应用和发展的方向。

抗菌洗衣机波轮

新能源汽车关键材料及部件测试表征解决方案及应用推广

◆ **获奖年度：** 2020 年

◆ **奖　　种：** 中国分析测试协会科学技术奖（CAIA）

◆ **等　　级：** 二等奖

◆ **完 成 人：** 孟宪明　方　锐　张　赛　沈学静　者东梅　李洪亮　黄亚烽　吴　昊　贾云海　高　继

◆ **成果简介：**

1. 背景及主要技术内容

以纯电动汽车为代表的新能源汽车研发和产业化势头迅猛，由于能量存储方式所限，轻量化成为电动汽车发展过程中亟须解决的关键问题，迫切需要轻量化技术作为产品性能提升和产业化成熟度改善的技术支撑。多材料混合应用技术作为实现整车轻量化最为有力的途径，近年来逐渐在国内整车企业得以应用。伴随着材料技术以及汽车开发技术的进步，越来越多的新材料应用于整车设计开发，相关材料及部件性能精准化测试与评价技术、材料与部件性能数据精准化分析与应用技术、材料及部件精准化建模仿真技术及体系缺失是制约我国汽车轻量化及汽车行业技术进步的关键瓶颈之一。

2. 创新点 / 技术发明点

取得了三方面核心技术创新与成果：

（1）创建了 130 余项材料及部件复杂工况下性能测试方法与技术规范，发明了提升测试精度的动态测试与防护装置及方法，建立了国家标准。

（2）提出了材料及典型部件失效模式归类分析与数值模拟技术相结合的思路，开发了精准的材料本构模型进行数据分析；构建了涵盖 130 多种材料的动态性能数据库，开发了具有自主知识产权的材料实验数据分析处理系统、材料牌号逆向分析系统，实现了选材—性能评价—用材一体化的功能，破解了全工况、多材料结构的选材与用材难题，技术指标达到国际领先水平。

（3）解决了材料及部件在动态变形、损伤及断裂失效仿真中的计算参数单一且不准确的技术问题，创建了基于整车性能的材料及部件仿真建模软件平台，建立了基于三层次结构复合校验的“材料—零部件—子系统”一体化仿真开发技术体系，实现了多材料精准化建模与结构协同正向开发能力，技术指标达到国际领先水平。

3. 知识产权情况、工业应用推广情况及经济、社会效益、意义等

项目获发明专利授权 7 件，获实用新型专利授权 16 项，制定国家标准 3 项，团体标准 2 项；发表 SCI 论文 27 篇，累计影响因子为 135.7，成果在首钢集团、山东钢铁集团、江铃股份有限公司、广州汽车集团股份有限公司、中国第一汽车有限公司等单位得到广泛应用，近 3 年创造经济效益 3.685 亿元。

中国分析测试协会科学技术奖 –CAIA 奖

证 书

为表彰2020年度中国分析测试协会科学技术奖–CAIA奖获奖者，特颁发此证书。

项目名称：新能源汽车关键材料及部件测试表征解决方案及应用推广

奖励等级：二等

获 奖 者：者东梅

2020年11月25日

证书编号：2020-2-014-R05

国家科技奖励办公室登记证号：国科奖社证字第0032号

获奖证书

2021

中国石化北京化工研究院科技成果汇编（2018—2022）

新型耐温抗盐驱油聚合物的分子构筑与合成技术

◆ **获奖年度：**2021 年

◆ **奖　　种：**中国石化前瞻性基础性研究科学奖

◆ **等　　级：**三等奖

◆ **完 成 人：**刘　希　祝纶宇　赵方园　伊　卓　胡晓娜　杨金彪

◆ **成果简介：**

1. 背景及主要技术内容

我国原油对外依存度逐年增加，通过驱油技术创新和发展，提高原油采收率，对完成中国石化原油硬稳定指标，保障国家油气安全、端牢能源饭碗具有重要意义。本项目通过设计合成功能单体、开发复合引发剂及合成技术，开发出系列耐温抗盐驱油聚合物，产品分子量高，耐温抗盐及抗老化性大幅提高，可满足中国石化各类高温高盐油藏用驱油剂指标要求。

2. 创新点 / 技术发明点

取得了三方面核心技术创新与成果：

（1）创新设计合成了阴、非、两性离子等功能单体，构筑了系列耐温抗盐聚合物分子模型，揭示了聚合物的基团特征、结构单元种类等对其溶液性能响应规律。

（2）创新开发了复合引发体系，制备出超高分子量聚合物，实现黏弹性、抗老化等关键性能指标的有效控制。

（3）建立了原料关键杂质分析方法，掌握了工程化放大过程中质量控制规律，形成了驱油聚合物合成及胶体后处理成套工艺技术。

3. 本项目知识产权情况、工业应用推广情况及经济、社会效益、意义等

本项目已获中国发明专利授权31件。本项目针对高温高盐油藏条件，开发出系列耐温抗盐驱油聚合物，形成了引发体系、功能单体、合成技术的完整发明专利保护体系，开发了复合引发剂体系，制备出超高分子量聚合物，黏弹性、抗老化、残余单体含量等关键性能指标优于同类产品，能够满足国内外高温高盐油藏用驱油剂的指标要求。本项目开发的耐温抗盐聚合物可实现聚合物驱产量的有序接替，市场前景广阔，其研发思路将对开发条件更为苛刻的特种油藏所需的聚合物，提供重要借鉴意义。

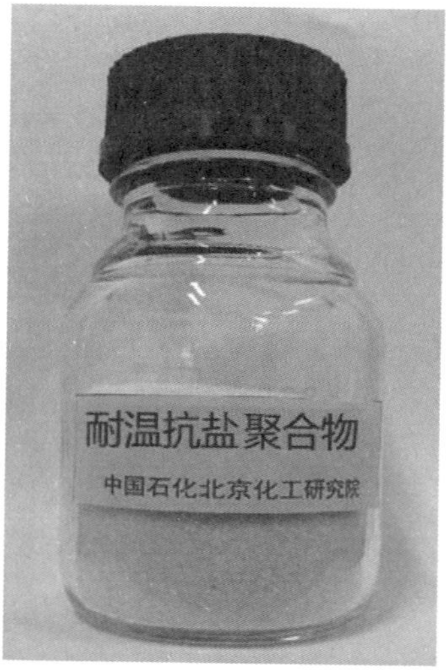

耐温抗盐聚合物产品

抗冲聚丙烯多尺度凝聚态结构的形成机理及调控

- **获奖年度：**2021 年
- **奖　　种：**中国石化前瞻性基础性研究科学奖
- **等　　级：**三等奖
- **完 成 人：**刘宣伯　施红伟　罗春霞　李　雪　贾雪飞　苏　萃
- **成果简介：**

1. 背景及主要技术内容

抗冲聚丙烯是一类合成树脂材料，其应用广泛、需求量大、附加值高，对中国石化的发展、社会的进步、人民生活水平的提高和国家综合实力的增强都具有重要意义。最近几年国内不断有抗冲聚丙烯装置投产，产能逐年提高，市场即将面临严峻的同质化竞争形势。面对这种局面，开发高性能产品、提高产品附加值是必然的出路。为实现上述目标，需要从结构性能关系入手，开展更加深入的基础研究。

本项目用流变学、衍射学和形貌学等研究方法揭示了抗冲聚丙烯的多级微观结构，分析了分子结构和加工条件等因素对各尺度和组分微观凝聚态结构的影响，阐述了凝聚态结构与机械性能和应力发白等性能的关系，为更加深入地理解抗冲聚丙烯材料的构效关系，进而开发高性能材料提供了有力支撑。

2. 创新点 / 技术发明点

取得了四方面核心技术创新与成果：

（1）同时关注抗冲聚丙烯注塑制品中橡胶分散相和聚丙烯晶体的取向和取

向分布，发现分散相在芯层具有最高的取向度，这与以往大多数文献报道都不相同。用分子链结构、分子链松弛和流动场变化解释了结构的成因。

（2）发现了添加不同聚乙烯对抗冲聚丙烯的冲击强度具有相反的影响趋势，有别于传统的认识。从凝聚态结构角度出发阐述了冲击强度提升或降低的机理。

（3）阐明了抗冲聚丙烯的应力发白机理，发现应力发白由分散相的内部空穴化和界面脱离所导致，提出相应的调节方案。

（4）建立了抗冲聚丙烯多级凝聚态结构的研究方案及配套方法，可实现从微米到纳米级别的形貌研究，并分辨不同组分和晶型；构建了具有不同组成材料的凝聚态结构模型，定量描述了凝聚态结构演变。

3. 本项目知识产权情况、工业应用推广情况及经济、社会效益、意义等

本项目已获中国发明专利授权 7 件，发表中英文科技论文 6 篇。本项目通过科学的实验方法和研究手段研究了抗冲聚丙烯这一类重要的树脂材料，获得了丰富翔实的实验数据，总结出一系列行之有效的表征及研究方法，加深了结构与性能关系的认识。研究结果具有较强的创新性，对高性能材料的研发起到了指导作用，对相关材料的高端化和产业技术升级具有重要意义，有力支持了包括中国石化“十条龙”项目在内的多项重点项目。

钛键桥联新型结构多组分载体催化剂技术开发与应用

- 获奖年度：2021 年
- 奖　　种：中国石化技术发明奖
- 等　　级：二等奖
- 完 成 人：张纪贵　夏先知　高富堂　刘月祥　齐　琳　李孝平　刘天波　蒋善君
- 成果简介：

1. 背景及主要技术内容

近年来，中国聚丙烯产能迅速增长，但高性能高附加值树脂产品及催化剂依然严重依赖进口，如超高抗冲树脂和“三高”抗冲树脂还基本依赖进口催化剂生产，高档土工布及高速纺用聚丙烯树脂还需大量进口。

聚丙烯树脂的发展离不开催化剂技术的发展。聚丙烯技术的核心是催化剂技术。本项目研究开发的 DQS 催化剂技术，通过创新的原位化学反应和制备工艺革新，实现了多元组分载体晶格的控制和制备技术的突破，结合创新的内给电子体技术和外给电子体配伍技术，全面提升了催化剂及树脂产品性能。

2. 创新点 / 技术发明点

取得了三方面核心技术创新与成果：

（1）通过对载体初级晶格结构的研究，突破了原有乙醇 - 氯化镁二元组分结构的思维限制和多组分载体制备的技术难点，开发了具有全新晶型结构和组成的多组分球形 DQS 载体。

（2）创新了 DQS 催化剂的制备工艺，开发了具有钛键桥联新型结构的 DQS 催化剂技术。该技术大幅提高了催化剂的定向能力、烯烃共聚合能力，明显降低了催化剂的活性衰减速率和聚合物细粉含量，有效改善了催化剂的氢调敏感性。

（3）结合外给电子体配伍技术和工艺参数控制，形成了成套 DQS 催化剂丙烯聚合工艺技术，该技术大幅减少了装置尾气及“绿油”的排放，提高了绿色化生产水平。

3. 本项目知识产权情况、工业应用推广情况及经济、社会效益、意义等

该项目制备的 DQS 载体的组成、结构和其制备方法以及以 DQS 载体制备的 DQS 催化剂和催化剂体系的组成、结构和其制备方法与应用均具有独立自主知识产权，共获 18 项中国发明专利授权，8 项国际（美国、欧洲等）专利授权。

DQS 催化剂在济南石化、茂名石化、齐鲁石化等进行了工业应用试验。对比市场同类催化剂，采用 DQS 催化剂可以减少外给电子体用量 20% 以上，降低氢气含量 200μg/g，提升活性 4% 以上，减少聚合物细粉 50% 左右。

DQS 催化剂生产的均聚树脂具有更高的拉伸强度和断裂伸长率，进一步生产的纤维制品达到进口产品水平；在制品加工过程中，因其良好的力学性能，可降低加工温度 10℃，提高产品填料使用量 5%，可为单条 5t/d 的生产线年增利润 100 余万元。DQS 催化剂生产的高抗冲树脂具有更高的弯曲模量，刚韧平衡性更优，综合性能达到进口催化剂生产的超高抗冲聚丙烯树脂产品水平。

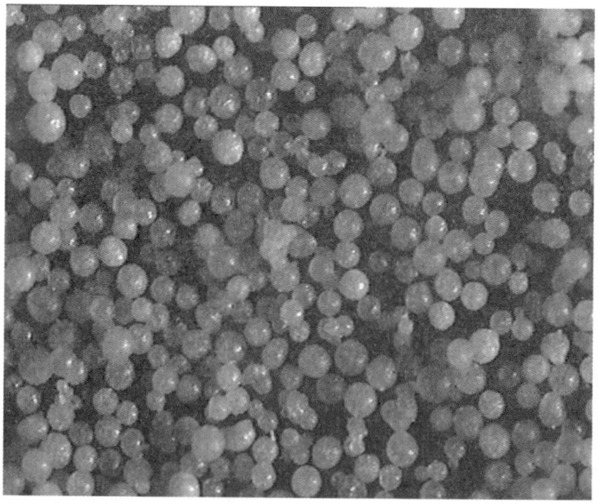

DQS 催化剂

绿色环保汽车轻量化材料技术开发与应用

◆ **获奖年度：** 2021 年

◆ **奖　　种：** 中国石化科技进步奖

◆ **等　　级：** 特等奖

◆ **完 成 人：** 梁爱民　程嘉猷　朱　兵　庄　毅　高达利　吕明福　康　鹏　王　超　张藕生　白　瑜　沈海娟　刘国强　贾永哲　周　琼　岑静芸　周伟平　高永平　张师军　汤建华　张晓红　徐耀辉　朱天戈　柯晓明　尹　华　蔡莺莺　唐学敏　徐　林　王仲霞　游忠林　郭　敏

◆ **成果简介：**

1. 背景及主要技术内容

汽车行业作为国民经济的支柱产业，近年来发展迅速。中国汽车的年产销量已达 2500 万辆，约占全球的 25%，位居世界第一，新能源汽车的年增长率更是高达 30%。我国现有汽车保有量已突破 2.8 亿辆，年耗油达 2.5 亿 t。汽车能耗的 30% 主要来自轮胎的滚动阻力，40% 来自行驶中的空气阻力。汽车整车质量每减少 10%，可降低燃油消耗 6% ～ 8%，减少 CO_2 排放 4.5%，制动距离减少 5%，转向力减少 6%。其中轮胎滚动阻力每降低 20% ～ 30%，可节油 5% ～ 7%，每百公里 CO_2 排放量可减少 400g。为此，通过技术创新实现汽车轻量化是降低能耗，减少 CO_2 排放的重要方向。

本项目针对“以塑代钢”汽车部件对高分子复合材料的性能要求，结合中国石化“三大合成材料”的产业和技术优势，聚焦长玻纤增强聚丙烯复合材料、碳纤维复合材料、橡胶弹性体及其复合材料、聚丙烯微孔发泡材料、工程塑料类复合材料，开展汽车制件所涉及的基础合成材料、复合材料等相关技术研究，开发基础原材料专用牌号工业生产技术及其复合材料制备技术，探究全产业链涉及的基础科学问题，最终实现汽车轻量化非金属材料的工业规模化生产并在汽车制件上得到广泛应用。

2. 创新点 / 技术发明点

取得了八方面核心技术创新与成果：

（1）揭示了多相复合体系界面相互作用及相态结构转换机制。

（2）探明了挥发性有机物的多阶释放机制。

（3）开发了长玻纤增强聚丙烯全产业链工业制备技术。

（4）研创了阻燃发泡聚丙烯全产业链工业制备技术。

（5）首创了 VOCs 精准评价方法，开发了长效低 VOCs 聚丙烯、聚醚、聚氨酯、聚酯吸音棉等工业生产技术。

（6）在国内率先开发了溴化丁基（BIIR）/ 尼龙（PA）、丁腈橡胶（NBR）/ PA 合金动态硫化热塑性弹性体（TPV）制备技术。

（7）在国内率先开发出碳纤维片状模塑碳纤维复合材料（SMC）、无卤阻燃聚碳酸酯（PC）/ 丙烯腈 - 丁二烯 - 苯乙烯共聚物（ABS）、微晶石墨 / 尼龙 6 合金材料成套工业制备技术。

（8）建立了从材料到汽车制件的系统评价表征方法、性能数据库和国家标准，搭建了 13 套生产示范装置以及基础研发平台。

3. 本项目知识产权情况、工业应用推广情况及经济、社会效益、意义等

本项目形成 5 项基础研究成果；申请发明专利 102 项，已获授权 10 项；形成专有技术 3 项，标准 9 项，调研报告 7 份，论文 56 篇。本项目开发了 15 类产品，共计 35 个牌号，在天津石化、燕山石化、上海石化、扬子石化、镇海炼化、中广核俊尔新材料有限公司等企业累计生产汽车用专用料及其复合材料约 32 万 t，创造经济效益约 4.3 亿元。产品已实现在 14 个企业规模化生产，并在北京新能源汽车股份有限公司等 40 多家汽车企业及零部件公司完成试制与应用，制造了汽车前端框架、碳纤维汽车轮毂、电池模组框架、后备厢工具盒、全塑汽车油箱、门内护板、轮胎气密层、密封条等 29 种汽车制件。

本项目建立了汽车轻量化高分子材料全产业链技术创新平台。开发的合成材料及其复合材料在汽车领域具有广阔的市场前景，符合国家对汽车行业绿色、环保和轻量化的政策引导，对进一步拓展中国石化合成材料在汽车轻量化非金属材料领域的应用具有重要意义，对推进合成材料高端化，汽车行业低碳、节能，进而带动航空、高铁、建筑等领域的拓展应用具有重要的经济效益和社会效益。

汽车轻量化材料制品展示

20 万 t/a 精环氧乙烷成套技术开发与工业应用

- **获奖年度：** 2021 年
- **奖　　种：** 中国石化科技进步奖
- **等　　级：** 一等奖
- **完 成 人：** 尹兆林　刘　洁　薛宏庆　李金兵　邹文桢　王江义　王　炜　林　雯　张　燕　孙　川　李海涛　刘静如　陈　迎　王艳丽　李容波

- **成果简介：**

1. 背景及主要技术内容

环氧乙烷（EO）、乙二醇（EG）是重要的有机化工原料，环氧乙烷主要用于生产乙二醇，其次用于生产聚氧乙烯醚、乙醇胺、乙二醇醚、多元醇等，乙二醇主要用于生产聚酯，其次用于生产防冻剂和其他用途。

工业生产环氧乙烷的主导工艺为乙烯氧化法，即乙烯在银催化剂的作用下直接氧化生成环氧乙烷，并进一步水合生成乙二醇。截至目前，我国的 EO/EG 装置全部采用引进的技术，技术来源主要是 SHELL、DOW 和 SD 三家，随着中国石化北京化工研究院高选择性催化剂的开发成功，中国石化工程建设公司（SEI）、中石化上海工程有限公司（SSEC）也用自主技术完成数套 EO/EG 装置的扩能改造。同时，SEI 在扬子石化环氧乙烷 / 乙二醇改造项目中，实现了以 SD 专利技术为基础的环氧乙烷反应器国产化；继而，SSEC 在宁波禾元环氧乙烷 / 乙二醇项目中实现了以 SHELL 专利技术为基础的环氧乙烷反应器国产化。

生产精 EO 是中国石化的主营业务，也是乙烯产业链的重要一环，因此与中国石化主业发展有着非常紧密的联系。根据 2013 年 5 月 14 日中国石化“EO 国产化技术开发及应用”协调会会议纪要的精神，采用中国石化集成创新的技术建设茂名石化 20 万 t/a EO 装置。在北京化工研究院燕山分院催化剂国产化的基础上，SEI 牵头工艺包开发，SSEC 负责工艺包中 EO 反应部分的开发，南京化工研究院负责脱碳系统的开发。

大型 EO 国产化技术开发及工业应用有利于中国石化摆脱全部依赖国外技术和重复引进的现状，做到消化吸收再创新，提升集成创新能力，对于提高中国石化经济效益具有重要意义。

2. 创新点 / 技术发明点

取得了三方面核心技术创新与成果：

（1）工艺流程创新：20 万 t/a EO 装置工艺流程采用自主开发的环氧乙烷反应器和氧混合器及安全控制技术、高效的 EO 精制及脱醛技术和 EO 贫吸收水双效制冷技术，优化工艺流程设计；开发了具有自主知识产权的低能耗二氧化碳双段吸收工艺，结合高效节能的二氧化碳吸收活性剂，形成低能耗、高活性二氧化碳吸收配套技术。实现环氧乙烷装置成套技术首次国产化工业应用。

（2）银催化剂创新：年平均选择性达到 89.12% 的国产银催化剂实现与环氧乙烷专利技术国产化工艺包匹配，完善高选择性 YS 银催化剂研发技术。

（3）关键设备创新：通过工艺模拟、实验研究和安全评价，开发了氧气快速混合技术和安全联锁控制系统，首次自主完成氧混合器设计、制造、测试、检验等开发工作，并成功进行工业化应用。

3. 本项目知识产权情况、工业应用推广情况及经济、社会效益、意义等

本项目已获中国发明专利授权 25 项。茂名石化 20 万 t/a 环氧乙烷装置于 2017 年 8 月 28 日一次开车成功，预期投产 24 个月能够回收总投资费用，实现了投入少、见效快、效益高的目标，取得了明显的经济效益，达到预期目标。新建 20 万 t/a PEO 装置有利于茂名石化厂内乙烯平衡，增强生产调节能力，减产亏损产品，增产效益产品，增加企业总体效益。

煤化工高盐废水零排放与资源化利用成套技术

◆ **获奖年度：**2021 年

◆ **奖　　种：**中国石化科技进步奖

◆ **等　　级：**一等奖

◆ **完 成 人：**施华彪　杨　栋　厉　阳　乔　凯　张新妙　张骏驰　陶全保　薛　旭　马传军　栾金义　余志峰　王　乐　张　旭　王雪清　任鹏飞

◆ **成果简介：**

1. 背景及主要技术内容

煤化工废水来源广泛，污染物成分复杂，主要处理难点是经过常规处理后的高盐废水处理。目前大部分煤化工项目要求废水零排放，现有零排放技术基本上以产生混盐为主，难以实现分盐及盐类资源化，由此带来高昂的危废处置费用，给企业造成严重困扰。

本项目主要针对煤化工高盐废水分质分盐零排放问题，开发了具有自主知识产权的分质分盐零排放成套工艺包，并在中安联合煤化有限公司（以下简称中安联合）成功实现工业应用，产生的盐硝品质优良，成功销售给下游用户，真正实现了废水零排放和盐类资源化利用。

2. 创新点 / 技术发明点

主要取得了三方面核心技术创新与成果：

（1）开发了“预处理—反渗透浓缩—纳滤预处理—纳滤分盐浓缩—热法分质

结晶”的高盐废水零排放成套技术，实现了工业稳定运行。

（2）开发了低压力、大通量高效膜法快速除硬除硅除氟反应过滤一体化技术，通过污染物去除机理研究、药剂优化复配和投加顺序控制，实现了硬度和硅氟等多种污染物协同去除。

（3）开发了前置纳滤分盐二级二段工艺，实现一、二价离子高效分离，解决了淮河水丰、枯水季盐硝倒挂问题，实现了后续盐硝的分质结晶。

3. 本项目知识产权情况、工业应用推广情况及经济、社会效益、意义等

本项目共申请相关专利 14 件，已获授权 5 件，形成专有技术 2 项。本项目开发的 360m³/h 煤化工高盐废水分质分盐零排放成套工艺包于 2019 年 12 月在中安联合成功实现工业应用，污水回用率 97% 以上，氯化钠、硫酸钠总质量收率 78% 以上，整体运行稳定良好，产生的盐硝品质优良，成功销售给下游用户，真正实现了废水零排放和盐类资源化利用。

该项目的实施，产水回用于循环水补水，产品氯化钠和硫酸钠实现外销，直接效益 741.7 万元 /a；同时避免了混盐处理费用，间接效益 8952 万元 /a，具有良好的经济效益。

该项目形成的废水零排放成套技术引领了现代绿色煤化工发展方向，为国内外煤化工行业提供了良好示范，具有重要的环境效益和社会效益。

图 1　中安联合项目现场

图2　产出的盐硝照片

高效降阻可回用滑溜水压裂液及规模化应用

◆ 获奖年度：2021 年

◆ 奖　　种：中国石化科技进步奖

◆ 等　　级：二等奖

◆ 完 成 人：王宝峰　魏娟明　赵　辉　赵　晓　姚奕明　李双明　龚小芝　黄　静　贾长贵　段　华　于　洋　徐胜强

◆ 成果简介：

1. 背景及主要技术内容

我国页岩气可采资源量潜力巨大，大力开发利用页岩气是实现中国能源结构转变的紧迫需求。近年来，中国石化探明储量以特 / 超低渗为主，资源品位劣质化逐渐加剧，新增探明储量中，低渗 - 致密储量占比达 90% 以上。页岩气是中国石化增储上产的主要目标，中国石化在四川盆地及周缘页岩气 3500m 以上深层、超深层储量占 55.5%，是勘探开发的主阵地。随着页岩油气及致密油气勘探开发的深入，滑溜水已成为“水平井多段压裂”改造技术的主体压裂液。

本项目针对提升滑溜水高效降阻、多功能、环保化、可回用的要求，开展了以下技术研究：（1）设计合成了粉末型和乳液型降阻剂，开展了产品工业化生产工艺研究，形成了年产 5000t 产品的能力。（2）研发了适应不同储层的滑溜水压裂液体系，具有高效降阻、防膨、杀菌、快速返排、绿色环保等性能。（3）建立了不同剪切速率下的降阻剂和滑溜水降阻性能评价方法。（4）完成了不同条件下返排液回用处理技术研究，开发形成了“自然沉降—复合混凝沉降—连续固液分离—精细过滤”压裂返排液处理回用工艺。有效解决了大型压裂环保技术难题，实现了环保处理与经济、社会效益有机结合，推动了页岩油气安全、绿色高效开发，为助力实现“双碳”目标作出积极贡献。

2. 创新点 / 技术发明点

取得了三方面核心技术创新与成果：

（1）研制了以碳－碳直链型丙烯酰胺为主体结构单元、添加离子型结构单元和功能性活性单体共聚的降阻剂。

（2）形成了针对不同储层的高适用性滑溜水压裂液技术系列。

（3）开发了压裂返排液回收再利用技术。

3. 知识产权情况、工业应用推广情况及经济、社会效益、意义等

本项目共获授权发明专利 15 件，中国石化专有技术 2 件，制定中国石化一级企标 4 项、二级企标 5 项，核心期刊公开发表学术论文 7 篇，出版专著（合著）2 部。项目研究成果在丁山、东溪、涪陵、元坝、彭水等重点地区得到了推广应用，以自主研发的降阻剂为主剂构建的滑溜水压裂液在国内 20 余个油气田 150 余口井规模化应用，工艺成功率 100%，滑溜水现场降阻率最高达 86%，实现了压裂液全程在线混配，性能稳定，大幅提高了压裂施工效率，取得了良好应用效果，助力了非常规油气安全、绿色高效开发。在中国石化重点非常规油气勘探开发区 300 余口井累计处理压裂返排液超过 200 万 m^3，全部用于二次配液，实现了返排液 100% 回用，形成了中国石化自主产权特色节能环保技术，节约了淡水资源，推动了页岩气安全、绿色高效开发。

图 1　乳液降组剂工业产品

图 2　技术人员调试反应釜和生产线

催化裂化废催化剂、树脂不合格品环境危害特性分析技术及应用

- **获奖年度：** 2021 年
- **奖　　种：** 中国石化科技进步奖
- **等　　级：** 二等奖
- **完 成 人：** 刘春平　薛燕波　陈　妍　张宏哲　罗东宁　牟桂芹　宋海涛　张　海　王　波　高　静　李天鸣　常　田
- **成果简介：**

1. 背景及主要技术内容

2019 年初，国家生态环境部启动对《国家危险废物名录》(2016) 修订研究工作。为进一步推动石化行业危险废物种类科学化、合理化的管理，结合此次名录修订工作，中国石化组织开展“石油产品催化裂化过程中产生的废催化剂”和“树脂、乳胶、增塑剂、胶水 / 胶合剂生产过程中产生的不合格产品”的危险特性调查，为《国家危险废物名录》相关条目修订提供技术支撑。本项目对石油炼制中不采用钝镍剂进行催化裂化产生的废催化剂，以及聚丙烯、聚乙烯、聚氯乙烯、聚苯乙烯、ABS 树脂、PET 树脂和 PBT 树脂共七类树脂生产过程产生的不合格产品进行危险特性调查工作，以排除部分废物的危险特性，畅通综合利用渠道。

2. 创新点 / 技术发明点

取得了四方面核心技术创新与成果：

(1) 国际上首次将同步辐射 XANES 技术应用于催化裂化废剂中镍的全形态分

析，确定钝镍剂与原料油中镍含量的关系，实现不含钝镍剂废剂的危废特性排除。

（2）基于运输环境暴露场景构建催化裂化废剂运输风险模型并对运输过程进行风险评估，实现催化裂化废剂采用密闭罐车的运输豁免。

（3）编制了“催化裂化装置开工和补剂的平衡剂”行业标准，实现催化裂化废剂点对点定向利用豁免。

（4）确定了树脂不合格品中各类特征污染物筛选依据，建立了树脂不合格品危险特性风险分析方法并进行风险评估，实现了 7 类树脂不合格品的危废特性排除。

3. 本项目知识产权情况、工业应用推广情况及经济、社会效益、意义等

本项目已获中国发明专利授权 4 件。《国家危险废物名录》（2021 年版）采纳了本项目关于聚丙烯、聚乙烯、聚氯乙烯、聚苯乙烯、ABS 树脂、PET 聚酯和 PBT 树脂等 7 类合成树脂不合格品“脱危”的结论，以及关于不添加钝镍剂的催化裂化废催化剂不具有危险特性的结论。中国石化约有 41 万 t 树脂不合格品、约 6800t 催化裂化废催化剂从危险废物名录中剔除，不再按照危险废物进行管理，在节省危险废物处置费用的同时，资源化利用不再有政策障碍，创造了可观的经济效益。

电感耦合等离子体质谱（ICP-MS）测试重金属含量

高光泽抗冲聚丙烯技术开发

- **获奖年度：** 2021 年
- **奖　　种：** 中国石化科技进步奖
- **等　　级：** 二等奖
- **完 成 人：** 张晓萌　关志鹏　何加强　施俊林　王路生　法　燕　张　琦　张永涛　梁胜彪　林华杰　李　丽　姚雪容
- **成果简介：**

1. 背景及主要技术内容

一直以来，在吸尘器、洗衣机等家电产品制作上，ABS、HIPS 等工程塑料占比较大，但材料难以回收实现循环使用，且成本较高。随着绿色发展理念越来越深入人心，以聚烯烃材料替代工程塑料成为一种趋势，且市场巨大。现有技术实现了均聚和无规共聚聚丙烯的高光泽化，但抗冲聚丙烯的光泽度普遍小于 65%，无法满足需求。本项目系统研究了抗冲聚丙烯表面光泽度的影响机理，开发了高光泽抗冲聚丙烯成套技术，商业化产品的光泽度是同类产品最高值。

2. 创新点 / 技术发明点

取得了三方面核心技术创新与成果：

（1）发现了抗冲聚丙烯橡胶相结构对其制品表面光泽度的影响机理，在此基础上发明了高光泽抗冲聚丙烯结构调控技术。

（2）结合以自主知识产权主催化剂为核心的催化体系创新，及以橡胶相结构调控为基础的工艺及产品技术，优化助剂体系，发明了高光泽抗冲聚丙烯制备成套技术。

（3）研究了橡胶相结构对材料刚韧性能的影响，结合不同应用，开发了5个高光泽抗冲聚丙烯新产品。工业产品光泽度大于90%，是目前市场上同类产品最高水平，填补了市场空白。

3. 本项目知识产权情况、工业应用推广情况及经济、社会效益、意义等

本项目已申请了5件中国发明专利，已获授权3件，形成6项中国石化专有技术，具有中国石化自由运作权。本技术在镇海炼化、茂名石化、齐鲁石化、中沙（天津）石化等企业实现工业化实施，开发的合成树脂新牌号销售利润逐年增加，经济效益显著。系列产品在青岛海尔洗衣机集团、无锡小天鹅股份有限公司、好孩子集团有限公司、嘉美塑料制品（珠海）有限公司、上海日之升科技有限公司、禧天龙科技发展有限公司等国内知名企业进行了推广应用，生产家电、玩具、食品包装、家居用品、汽车部件等制品，部分产品出口日本等海外市场。制品表面光泽度优异，性能突出，为下游制造业提供了制品升级的原料保证，为中国制造业水平提升作出了贡献，社会效益显著。

高光泽抗冲聚丙烯用于童车

丁二烯尾气选择加氢成套技术

- **获奖年度：**2021 年
- **奖　　种：**中国石化科技进步奖
- **等　　级：**二等奖
- **完 成 人：**李东风　乐　毅　韩立洪　陈　平　谭小雁　李　琰　毛祖旺　过　良　易水生　卫国宾　李春芳　田　峻
- **成果简介：**

1. 背景及主要技术内容

丁二烯尾气是裂解混合碳四抽提丁二烯生产装置排出的高炔烃尾气，其中富含的乙烯基乙炔（VA）具有爆炸风险，通常需要用大量的碳四抽余液将尾气稀释后作为燃料气使用或直接排放火炬系统，不仅造成大量碳四资源的浪费，还会产生大量的温室气体，污染环境。

北京化工研究院长期进行碳四加氢催化剂的研究，开发出了一系列的选择加氢催化剂。在此基础上，开发了丁二烯尾气选择加氢成套技术，开创性地对丁二烯抽提装置富含炔烃的尾气进行回收利用，可将丁二烯尾气选择加氢转化为富 1-丁烯碳四、富丁二烯碳四等一系列产品。

开发了丁二烯尾气选择加氢增产 1- 丁烯成套技术，采用高选择性钯系加氢催化剂，得到富含 1- 丁烯的碳四烯烃产品。产品中丁二烯含量＜30 μg/g，乙烯基乙炔＜5 μg/g，乙基乙炔＜5 μg/g，1- 丁烯选择性≥ 40%。

开发了丁二烯尾气选择加氢增产丁二烯成套技术，可将丁二烯尾气中的炔烃选择性加氢，得到丁二烯产品，采用高选择性加氢催化剂，产品中 VA 转化率≥ 85%，1,3- 丁二烯选择性≥ 45%。

本技术可以在双工况条件下运行，既可以增产丁烯，又可以增产丁二烯，双工况可以在线切换。

该技术为国内首创，从工艺流程设计上解决了安全性的问题，技术成熟可靠，实现了丁二烯装置炔烃尾气的高附加值利用。该技术达到了国际先进水平，经济效益和社会效益显著，具有良好的推广前景。

2. 创新点 / 技术发明点

取得了四方面核心技术创新与成果：

（1）开创性地将丁二烯装置富炔尾气进行回收并加以利用，分别开发了以 1- 丁烯或 1,3- 丁二烯为目标产物的丁二烯尾气选择加氢技术。

（2）通过载体改性和配方优化制备了高性能加氢催化剂，研发的 BC-H-40 钯系催化剂反应活性好、选择性高、运行周期长。

（3）通过优化反应入口浓度及精准配氢提高了产品的选择性；严格控制乙烯基乙炔的浓度及分压，从工艺流程上解决了安全性的问题。

（4）加氢产品品质高，装置可在双工况条件下运行，既可以增产丁烯，又可以增产丁二烯，可根据下游装置需求在线调整，装置操作灵活。

3. 本项目知识产权情况、工业应用推广情况及经济、社会效益、意义等

本项目已获中国发明专利授权 14件、中国石化专有技术 1 项。规模为 2 万 t/a 的丁二烯尾气选择加氢装置建设投资约 4000 万～ 5000 万元，经济效益可达 3000 万～ 4000 万元 /a，本技术已累积产生效益 1.8 亿元以上，经济效益显著。本技术将丁二烯尾气回收利用，经济效益和社会效益显著，不仅变废为宝，还减少了 CO_2 的排放，进一步助力碳达峰碳中和目标的实现。

图 1 福建联合石化丁二烯尾气选择加氢装置

图 2　海南炼化碳四炔烃（丁二烯尾气）选择性加氢装置

新型专用 BCE-C300 催化剂技术开发及应用

- **获奖年度：** 2021 年
- **奖　　种：** 中国石化科技进步奖
- **等　　级：** 三等奖
- **完 成 人：** 俸艳芸　左胜武　黄　庭　张　勇　李　颖　柏基业　杨红旭　杨　斌　马　冬
- **成果简介：**

1. 背景及主要技术内容

高附加值聚乙烯专用料包括树脂型橡胶型两用 B 型氯化聚乙烯专用料和用于 ABS 改性剂用的 C 型氯化聚乙烯专用料，国内市场均被进口产品所垄断。氯化聚乙烯经聚乙烯专用料和氯气二次反应制得，聚乙烯粉料粒径越小、粒径分布越集中、大颗粒和细粉的含量少，氯化效果越好，因此要求催化剂颗粒更细、粒径分布更为集中。本项目采用新型给电子体、调整溶剂极性、优化制备工艺条件、控制晶核生长速率的组合调控技术，解决了稳定制备窄分布、细粒径催化剂的难题。开发出颗粒形态好、粒径分布窄、粒径可控调节的新型高活性 BCE-C300 催化剂。

2. 创新点 / 技术发明点

取得了三方面核心技术创新与成果：

（1）通过引入新型给电子体、调整溶剂极性、优化制备工艺条件、控制晶核生长速率的组合调整技术，开发出细粒径（4 ～ 5 μm）、颗粒形态好、粒径分布窄的新型高活性 BCE-C300 催化剂。制备的聚合物颗粒形态优良、粒径分布集中、大颗粒和细粉含量少、流动性好。

（2）在扬子石化开发出高门尼黏度的 B 型专用料 YEC-5407T、中门尼黏度的 B 型专用料 YEC-5515TH 和适用于阻燃改性的 C 型专用料 YEC-5706 等多个高附加值氯化聚乙烯专用料牌号，性能达到进口产品水平，填补了多项国内空白。

（3）解决了三井 CX 工艺没有筛分装置难以生产细粒径、窄分布聚乙烯专用粉料的技术难题。

图 1　BCE-C300 催化剂 SEM 图

图 2　YEC-5515TH 粉料 SEM 图

3. 本项目知识产权情况、工业应用推广情况及经济、社会效益、意义等

本项目已获中国发明专利授权 3 件。本项目开发的新型 BCE-C300 催化剂，助力扬子石化成为国内首家能够生产高门尼黏度 B 型专用料 YEC-5407T、中门尼黏度 B 型专用料 YEC-5515TH 和高附加值 C 型专用料 YEC-5706 的生产厂家，填补国内空白。扬子石化采用 BCE-C300 型催化剂累计生产系列高品质高附加值聚乙烯专用料超十余万吨，树脂综合性能优异，已经在多家下游厂家进行了推广应用，实现了十亿余元的新增产值，具有显著的经济效益和社会效益。

高刚聚丙烯排水管道系统寿命预测

- **获奖年度：** 2021 年
- **奖　　种：** 中国石化科技进步奖
- **等　　级：** 三等奖
- **完 成 人：** 者东梅　胡　法　杨　勇　李玉娥　胡孝义　孙　晋　武　鹏　张　伟　俞　峰
- **成果简介：**

1. 背景及主要技术内容

当前的聚丙烯排水管材料及管材的评价方法，只限于短期基础力学性能测试，如密度、冲击性能、弯曲模量、熔融指数等，还没有对长期寿命预测方面的评价方法，急需建立一套管材长期性能评价方法。本项目通过 Spangler 理论进行受力分析并建立数学模型，可外推 2 年和 50 年的蠕变性能，从而预测高刚聚丙烯管道服役寿命。建立了变压－流速恒定试验方法，可外推 20 年、50 年和 100 年橡胶密封组件的压力损失率及实际使用寿命。首次应用切口恒定负荷应力开裂方法（NCTL）实现对高刚聚丙烯原料长期蠕变性能的快速评价。基于 Arrhenius 线性行为和反应活化能的研究分析，建立了密封组件热氧老化失效的快速评价方法。通过对高刚聚丙烯组成含量及微观形貌分析，发现了增加三元序列含量、改善橡胶相分散均匀性可提高聚丙烯长期蠕变性能的规律。利用扫描电子显微镜（SEM）和 X 射线能谱分析（EDS）对老化后的橡胶密封圈的微观结构进行了表征和破坏机理研究。

2. 创新点／技术发明点

取得了五方面核心技术创新与成果：

（1）开发了高刚聚丙烯排水管道系统寿命预测的成套技术。

（2）通过 Spangler 受力分析并建立数学模型，外推 2 年和 50 年的蠕变性能，预测高刚聚丙烯管道服役寿命。

（3）建立了变压－流速恒定试验方法，外推 20 年、50 年橡胶密封组件的压力损失率及实际使用寿命。

（4）首次应用切口恒定负荷应力开裂方法和基于 Arrhenius 线性行为和反应活化能的研究分析，实现了对高刚聚丙烯管道的快速评价。两项方法显著缩短了新材料的周期。

（5）通过对高刚聚丙烯微观分析，探明三元序列含量及其分布对长期蠕变性能的影响规律；利用 SEM 和 EDS 对橡胶密封材料微观结构进行破坏机理研究，为橡胶密封组件的选材、结构优化提供解决方案。

3. 本项目知识产权情况、工业应用推广情况及经济、社会效益、意义等

本项目已获中国发明专利授权 1 项，发表论文 1 篇。本项目开发的技术已在中国石化系统内多家企业开展应用，为系统内企业专用料的推广提供技术支持，增强了中国石化在国内聚丙烯管材专用料市场上的竞争力。本项目建立的快速评价方法体系可大幅缩短评价周期，并可预测橡胶密封组件的使用寿命，可推动高刚聚丙烯材料和塑料管道用橡胶密封材料的开发研究，为塑料管道系统的设计和施工提供技术支持和安全保障，具有广阔的推广前景。

高刚聚丙烯排水管材

车用高性能聚丙烯树脂开发

◆ **获奖年度：** 2021 年

◆ **奖　　种：** 中国石化科技进步奖

◆ **等　　级：** 三等奖

◆ **完 成 人：** 邹发生　李秀军　曹豫新　许楚荣　胡晓石　赵梦垚　刘川川　赵　均　林　琪

◆ **成果简介：**

1. 背景及主要技术内容

汽车轻量化、环保化的发展趋势，使得未来聚丙烯占车用塑料以及整车比例都将大幅提高，此外，由于公众的环保意识和自我意识逐步增强，造成汽车厂商对聚丙烯材料的要求也越来越高。目前，车用高性能聚丙烯树脂急需解决如下技术问题：（1）削减聚丙烯树脂的 VOCs 含量和异味；（2）提高聚丙烯流动性及刚性；（3）提高抗冲共聚聚丙烯的刚韧平衡。本项目发现了 VOCs 和气味产生的原因，通过催化剂体系、多相结构控制优化和开发高效成核剂体系，结合制备工艺改进，在国内首创低 VOCs、低气味、超高流动、高刚高韧聚丙烯树脂制备技术。

2. 创新点 / 技术发明点

取得了四方面核心技术创新与成果：

（1）开发了低气味、超高熔体流动性聚丙烯树脂制备技术。在国内率先开发熔体质量流动速率大于 90 g/10 min 的均聚和抗冲共聚产品。

（2）开发了超高熔体流动性聚丙烯造粒技术。工业装置上水下切粒最高熔体质量流动速率达 120 g/10 min。

（3）开发了高刚、低气味聚丙烯助剂体系。通过添加优选的多孔含硅助剂和抗氧剂，可降低聚丙烯粒料气味及改善聚丙烯多次高温加工稳定性。

（4）开发了 M50RH、MN90B 等 5 个牌号系列低气味、高流动、高刚聚丙烯树脂新产品，在汽车内饰等领域广泛应用。

3. 本项目知识产权情况、工业应用推广情况及经济、社会效益、意义等

本项目已获中国发明专利授权 2 项。本项目技术已在中国石化系统内多家企业进行工业化实施，开发了 5 个牌号的新产品，已生产超过 18 万 t 高性能聚丙烯。采用本项目技术生产的系列产品在上海普利特复合材料股份有限公司、金发科技股份有限公司、合肥杰事杰新材料股份有限公司等国内知名企业进行了推广应用并得到了高度认可，产品还出口至以色列等国家。本技术产品的性能明显优于现有产品，为我国汽车制造业提供了高性能材料支撑，未来的市场前景极为可观。

在 ST 环管装置上开发车用高性能聚丙烯树脂牌号

C_3 ～ C_9 微量杂质在线分析系统及应用

◆ **获奖年度：** 2021 年

◆ **奖　　种：** 中国石化科技进步奖

◆ **等　　级：** 三等奖

◆ **完 成 人：** 陈　松　姜健准　孙　康　刘　静　王建全　贾留昌　李现忠　李恒树　刘海英

◆ **成果简介：**

1. 背景及主要技术内容

将 C_3 ～ C_9 原料中的特定组分利用特殊催化剂进行深加工后可以转化为高附加值产品。但 C_3 ～ C_9 原料含有很多聚合级原料中所没有的硫化物、氮化物、氧化物、氯化物杂质，且这些杂质对石化企业的烯烃及有机化工原料产生很大影响。随着 C_3 ～ C_9 原料综合利用在我国的快速发展，C_3 ～ C_9 原料分析方法、分析工艺包、分析标准欠缺的问题都亟待解决。本项目针对 C_3 ～ C_9 原料样品的复杂性开发了对应的进样系统和定量装置，同时设计制造了可容纳气相色谱的在线分析系统，开发了数据自动处理传输软件。

2. 创新点 / 技术发明点

取得了三方面核心技术创新与成果：

（1）建立了 C_3 ～ C_9 原料中烃类组成、硫化物、氮化物、氧化物、氯化物、永久气体、金属离子的分析方法，杂质种类达到 200 种，杂质最低检出限 50ng/μg，满足对上游油化工、煤化工、气化工原料杂质监测需求。

（2）完成了$C_3 \sim C_4$的气态进样系统和高压液态闪蒸进样系统、C_5低温常压液态进样系统、$C_6 \sim C_9$常温常压进样系统、动态气体稀释标准样品系统、渗透管稀释标准样品系统。完成了杂质数据库和分析数据处理软件的开发工作。

（3）将杂质数据库、分析软件、分析仪器结合在一起可为用户设计定制$C_3 \sim C_9$原料中微量杂质在线监测系统，满足塑料厂、烯烃厂、质检中心对$C_3 \sim C_9$原料的高效监控，保证生产平稳运行。

3. 本项目知识产权情况、工业应用推广情况及经济、社会效益、意义等

本项目已获中国石化专有技术授权5件，发表论文3篇，发布团体标准2项。本项目完成了$C_3 \sim C_9$原料中烃类组成、硫化物、氮化物、氧化物、氯化物、永久气体和金属离子的分析方法开发工作，设计制造了$C_3 \sim C_9$原料在线监测系统，完成了烯烃原料在线监测系统制造、数据库及后处理软件和远程通信软件开发。本项目开发的$C_4 \sim C_9$原料形态硫在线分析仪、聚合级丙烯中砷烷分析仪已经在中国石化系统内企业开展应用，每年可节约数百万元装置运行费用，具备进一步推广的价值。

循环水处理效果监控方法系列标准

- **获奖年度：** 2021 年
- **奖　　种：** 中国石化科技进步奖
- **等　　级：** 三等奖
- **完 成 人：** 郦和生　任志峰　傅晓萍　秦会敏　窦孟然　赵会艳　叶晓林　吴小芳　李晨光
- **成果简介：**

1. 背景及主要技术内容

循环水俗称“工业血液”，影响生产装置安、稳、长、满、优运行，因处理效果问题而引起装置减负荷、提前检修等问题屡见不鲜。因此，保证循环水处理效果，提高循环水的浓缩倍数，提高水冷器换热效率，杜绝物料泄漏，有利于节水减排和节能降碳。但如何监控循环水处理效果，国内尚无现成标准，存在涵盖不全面、缺少统一规范、不能在线及时监控、监控数据不科学、水处理方案和水质控制指标不合理、药剂投加不科学、缺乏运行中水冷器实时工况检测等问题。本项目通过收集国内外相关资料，查询国内外标准和行业技术规范，查阅国内外文献，调研中国石化系统内企业监测换热器使用情况、水处理运行模式、在线监测和加药系统使用情况、装置水冷器使用情况，结合实验室实验和现场试验，形成系列标准。

2. 创新点 / 技术发明点

取得了四方面核心技术创新与成果：

（1）基于水处理效果实时监控难，首次制定系列标准。①制定 3 个监控方法，引领循环水处理发展，整体技术达到国际领先水平；②通过腐蚀测试研究、采用热阻代替污垢热阻、引入压力降监测，首次同时实现循环水腐蚀、污垢、生物黏泥三大任务的实时监测；③首次提出关键水冷器运行过程监测。

（2）基于补水复杂性，发现了水质和运行控制关系。①研究确定高硬高碱、中硬中碱、低硬低碱和污水回用等不同水质的关键水质指标及控制范围；②首次研究确定循环水加酸控制 pH 值运行工艺中钙硬度和总碱度的对应关系；③实现主药剂自动投加和循环水自动排污。

（3）基于排污水对污水系统的冲击，开发了环保型清洗预膜技术。①通过药剂基础投加研究，成功取代高磷高锌预膜剂；②研制无磷低磷预膜剂，减少磷排放；③试验得到在线清洗 pH 值范围及腐蚀控制方法，避免大排大补。

（4）基于水冷器评价的主观随意性，确定了累积效果的量化指标，制定了水冷器检测评价等级标准。

3. 本项目知识产权情况、工业应用推广情况及经济、社会效益、意义等

本项目已获中国专利授权 6 件。本项目制定的系列标准陆续在中国石化系统内 39 家企业的近 300 个循环水场实施，经济效益和社会效益显著，主要表现在：提高了浓缩倍数，节约新鲜水用量和减少排污水量；提高了自动化、信息化水平，减少用工，为智慧水务提供技术保障；延长了水冷器寿命，延长检修周期；节约了水处理剂费用。

本系列标准属于国内首次制定，将对国内循环水处理起到技术推动和指导作用，具有广阔的实施前景。

全氟丙烯等 7 项高端合成材料专用原料系列标准

◆ **获奖年度**：2021 年

◆ **奖　　种**：中国石油和化学工业联合会科技进步奖

◆ **等　　级**：二等奖

◆ **完 成 人**：黄　煜　周厚高　叶世胜　包淼清　郑　鹏　周明何　胡家殷　杨化浩　王笑妍

◆ **成果简介**：

1. 背景及主要技术内容

全氟丙烯等 7 项化工产品是全氟聚合物、有机硅、可降解树脂等高端合成材料的专用原料，包括：（1）用于生产聚全氟乙丙烯、氟橡胶、熔聚四氟乙烯、航空工业用高温润滑油、全氟聚醚等的专用原料——六氟丙烯（又称全氟丙烯）；（2）用于生产可在极端温度下长时间工作，具备优良的耐紫外线、抗老化的特种硅烷、硅橡胶的专用原料——乙烯基三氯硅烷、苯基三氯硅烷和甲基苯基二氯硅烷；（3）用于生产聚醚多元醇、聚氨酯、聚碳酸酯等高端树脂的主要原料——环氧丙烷；（4）用于生产聚丁二酸二醇酯（PBS）、聚丁二酸 / 对苯二甲酸丁二醇酯（PBST）等可降解树脂以及高性能聚酯纤维、水性聚氨酯的主要原材料——丁二酸和 1,5- 戊二醇。

本项目针对上述 7 种高端合成材料的专用原料，制定了相关国家标准和行业标准。在标准研制过程中，对影响下游产品质量的关键指标进行论证和试验，统一了试验方法，对可能的微量有害杂质进行限量，为推动新材料产业高质量发展奠定了重要基础。

2. 创新点 / 技术发明点

取得了四方面核心技术创新与成果：

（1）标准对标范围广、定位精准。涵盖国内主要生产企业，对标国际先进企业标准。标准中优等品水平整体达到或超过国际同类产品水平。

（2）提升了产品的差别化供给水平，有针对性地设置标准中的项目指标。

（3）标准中的试验方法采用仪器分析技术和设备，提高了检测效率和灵敏度，多项分析方法填补行业空白。

（4）完成了 7 项产品标准：GB/T 32362—2015《工业用六氟丙烯》、GB/T 35498—2017《工业用乙烯基三氯硅烷》、GB/T 30302—2013《工业用苯基三氯硅烷》、GB/T 30304—2013《工业用甲基苯基二氯硅烷》、GB/T 14491—2015《工业用环氧丙烷》、GB/T 34686—2017《工业用丁二酸》、HG/T 5159—2017《工业用 1,5- 戊二醇》，均已发布实施。

3. 知识产权情况、工业应用推广情况及经济、社会效益、意义等

本项目已获 2 项中国发明专利授权。本项目统一了 7 种产品的分析检测方法，行业多家生产企业和检测机构将标准用于相关产品的出厂检验、产品质量控制、仲裁检验等，具有广泛的社会影响。本项目中 7 项标准的实施促使生产企业不断改进工艺以提高产品的质量，间接倒逼生产企业采用 DCS、APC 等全过程自动精密控制技术，使多数相关企业走上了集约化、绿色化发展的道路。7 项标准的实施满足了国家化学品的监管要求，使得产品在生产、检测、储存、运输等环节更加安全、可靠，确保产业链的健康发展。

证书
为表彰在促进石油和化工科技进步中做出突出贡献者，特颁发此证书，以资鼓励。
奖　　种：科技进步奖
获奖项目：全氟丙烯等7项高端合成材料专用原料系列标准
获奖单位：中国石油化工股份有限公司北京化工研究院
奖励等级：二等奖
获奖日期：2021 年 12 月 28 日
证书号码：2021JB114-1-1
中国石油和化学工业联合会

图 1　获奖证书

本项目中 7 项标准的实施在产品的生产以及质量控制中发挥了重要作用，减少了贸易纠纷，形成了较强的市场竞争力，为产品拓展国内外市场、更快进入中高端供用链奠定了坚实基础。

ICS 71.080.60
G 17

GB

中华人民共和国国家标准

GB/T 14491—2015
代替 GB/T 14491—2001

工业用环氧丙烷

Propylene oxide for industrial use

2015-12-31 发布 2016-07-01 实施

中华人民共和国国家质量监督检验检疫总局
中国国家标准化管理委员会 发布

图 2　相关标准 1

ICS 71.080.20
G 17

GB

中华人民共和国国家标准

GB/T 32362—2015

工业用六氟丙烯

Hexafluoropropylene for industrial use

2015-12-31 发布 2016-04-01 实施

中华人民共和国国家质量监督检验检疫总局
中国国家标准化管理委员会 发布

图 3　相关标准 2

流延膜用乙烯 / 丙烯 /1– 丁烯共聚烯烃关键技术开发及工业化

◆ 获奖年度：2021 年

◆ 奖　　种：中国石油和化学工业联合会科技进步奖

◆ 等　　级：三等奖

◆ 完 成 人：封水彬　蒋文军　杨芝超　湛　贞　杜亚锋

◆ 成果简介：

1. 背景及主要技术内容

三元无规共聚聚丙烯由于乙烯、1- 丁烯在聚丙烯分子链上的引入，破坏了分子链的规整性，降低了聚丙烯的结晶温度，这类共聚聚丙烯用作共挤出膜的热封层，具有独特的优势，如热封强度高、热封起始温度低，此外还拥有良好的耐蒸煮性能和冲击性能，普通的二元无规共聚聚丙烯无法同时满足以上要求。国内三元共聚聚丙烯主要依赖进口，产品大部分来自新加坡 TPC、韩国三星、韩国湖南石化、日本 JPP、英力士。

本项目采用气相本体工艺，以乙烯、丙烯、1- 丁烯为原料，自主开发了三元共聚聚丙烯产品的成套工艺技术及抗黏连复合添加剂，实现了乙烯 / 丙烯 /1- 丁烯无规共聚聚丙烯产品的工业化。生产的薄膜具有热封温度低和透明度高等特点，综合性能优于进口三元共聚聚丙烯产品。

2. 创新点 / 技术发明点

主要取得了三方面技术创新与成果：

（1）自主开发了三元无规共聚聚丙烯成套工艺技术。开发了催化剂预处理工艺、釜内共聚单体加入控制工艺，降低反应初期聚合反应的剧烈程度，控制反应初期的反应热，避免产生局部热点导致粉料发黏结块。解决了三元共聚产品生产中温度波动大、产品结块等问题，实现了三元共聚聚丙烯产品的连续稳定生产。

（2）研发了流延膜用高透明抗黏连复合添加剂体系。针对传统微米无机开口剂难以兼顾高透明性和抗黏连开口性，开发了纳米无机开口剂，通过系列配方研究，复配一定含量爽滑剂，得到性能优异的高透明抗黏连复合添加剂。在聚丙烯的加工流变性能、力学性能、光学性能等改变不大的条件下，实现 CPP 薄膜优异的开口爽滑性能，摩擦系数指标大幅度降低。

（3）开发了低熔高透三元共聚聚丙烯产品。结合自主开发的三元共聚聚丙烯产品成套工艺技术及高透明抗黏连复合添加剂体系，在茂名石化气相工艺装置上成功开发出三元共聚聚丙烯产品 F4908，产品雾度低，综合性能优于进口产品，实现了高端流延膜树脂产品国产化。

3. 知识产权情况、工业应用推广情况及经济、社会效益、意义等

本项目相关技术已获授权发明专利 2 项，发表论文 3 篇。茂名石化在 20 万 t/a 的 Innovene 气相工艺聚丙烯装置上成功开发了低熔点高透明三元共聚聚丙烯新产品。2018—2020 年累计销售 5 亿 t。新产品综合性能优异，得到福建航升塑料包装材料有限公司、东大峰包装材料有限公司等知名企业的一致认可，创造了较好的经济效益，社会效益显著。

图 1　三元聚丙烯生产流延膜过程

图 2　三元聚丙烯生产的流延膜

共单体及其与催化剂的协同效应对烯烃共聚物微观结构的影响

◆ **获奖年度：** 2021 年

◆ **奖　　种：** 中国化工学会基础研究成果奖

◆ **等　　级：** 二等奖

◆ **完 成 人：** 王　伟　张韬毅　侯莉萍　王洪涛　郑　刚　曲树璋　盛建昉　任敏巧　唐毓静

◆ **成果简介：**

1. 背景及主要技术内容

烯烃共聚材料品种丰富、性能更强、应用领域更广，如聚烯烃弹性体（POE）和环烯烃共聚物（COC）的性能与应用突破了传统聚烯烃范畴。因此，研究共单体对聚合机理以及聚合物结构与性能的影响，有助于夯实材料设计的理论基础，从而开发具有新的组成、结构、性能及应用的材料，有助于提升中国化工材料品质。本项目采用茂金属催化剂，进行了共单体对聚合机理、聚合物结构与性能影响的系列研究，从聚合机理角度，深刻理解了共单体对共聚合机理及聚合物结构、性能的影响。

2. 创新点 / 技术发明点

取得了三方面核心技术创新与成果：

（1）极性单体结构决定聚合物链的微观结构，可通过变化极性单体结构调整乙烯共聚物序列分布。

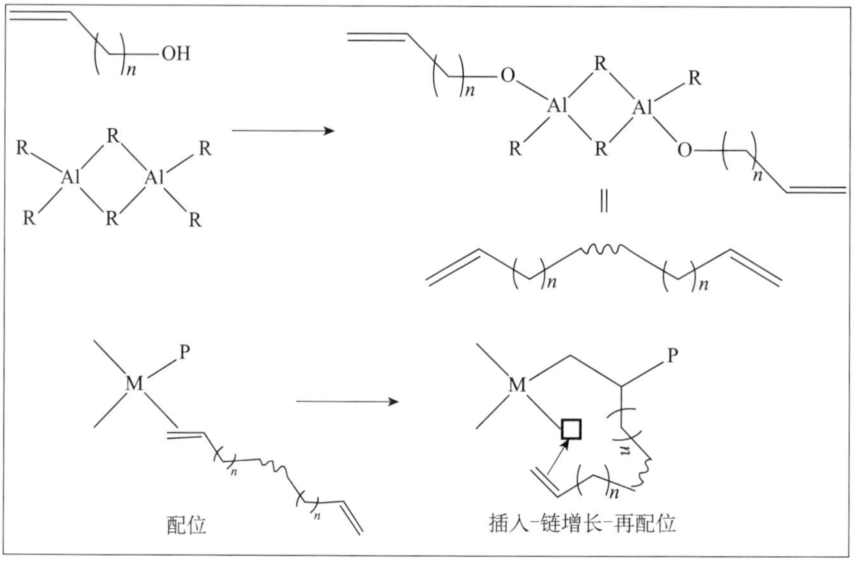

极性单体链长对聚合物微观结构影响的机理

（2）发现了茂金属催化剂与共单体的协同效应，通过调整催化剂与共单体的配伍，共单体在共聚物中的分布可从无规分布到嵌段倾向呈现梯次变化。

（3）发现了单体链长及单体“形状”对高级烯烃共聚物结构与性能的影响，链长接近的单体形成的共聚物熔点下降幅度很小，单体“形状”对聚合机理有显著影响，单体“形状”类似的共聚物规整度显著高于单体“形状”差异大的共聚物。

3. 本项目知识产权情况、工业应用推广情况及经济、社会效益、意义等

本项目共发表 8 篇论文。乙烯与 α- 烯烃的共聚活性的体现，是在不同催化剂和聚合条件下，由于各种效应响应的程度不同，造成比较复杂的共单体对聚合行为的综合效应。在新型单体不断涌现时，需要对共单体效应进行更加充分、系统的研究。本项目使用多种单中心催化剂，以乙烯或高级烯烃为主单体，高级烯烃或极性单体为共聚单体，研究其共聚合反应，发现共聚单体对聚合行为和聚合物的结构与性能有重要影响。这些结论对开发新型高性能的聚烯烃产品具有重要的指导作用。

ISO 试样注塑标准修订和方法研究及其应用推广

- **获奖年度：**2021 年
- **奖　　种：**中国化工学会科技进步奖
- **等　　级：**三等奖
- **完 成 人：**王超先　王少鹏　邓燕霞　郑文丽　吴　霞　蔡春飞　郭　曦　徐泽峰　赵　霞
- **成果简介：**

1. 背景及主要技术内容

国际标准 ISO 294-1《塑料 热塑性塑料材料注塑试样的制备 第 1 部分：一般原理及多用途和长条试样的制备》是塑料注塑试样制备的基础标准之一，制备的试样广泛用于力学、光学、热、收缩等特征性能的测试。

根据多年对国内各实验室注塑试样制备的实施调研发现由于原标准没有规范注塑机操作参数的设定方法，致使各实验室操作人员根据制品加工的方法调整操作参数，实际制备的试样性能出现差异。

这样造成的后果是不能保证测试结果的准确性和科学性，测试结果会受到试样制备的影响，标准中的测试项目指标无法真正起到质量控制的作用。同时原标准中存在错误内容，需要进行技术性修改。

在前期大量的验证试验基础上，开展了该标准的立项修订的研究工作，同时在中国石化进行了应用推广。修订后的 ISO 标准于 2017 年发布，并依据该 ISO 标准修订了国家标准。

3. 创新点 / 技术发明点

取得了三方面核心技术创新与成果：

（1）规范了熔体的塑化过程操作。以背压、螺杆转速等参数控制注塑过程中螺杆剪切、热降解等对熔体分子量及其分布等材料结构和熔体密度等熔体性能的影响。

（2）明确了注射阶段熔体的流动状态，确定了注射速率和注射压力的函数关系。函数关系的建立提升了方法的科学性和理论性，注射压力不再是注塑试样制备的主要影响因素，不仅建立了与聚合物熔体流变学的联系，而且可以与下游制品加工稳定性相关联。

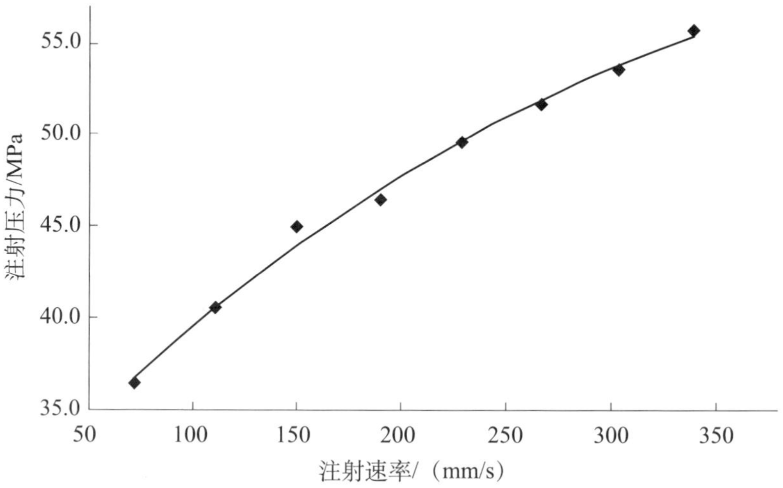

注射压力和注射速率的关系图

（3）各主要参数之间建立相关性联系和 / 或增加规范性要求，消除了人为因素影响。在注塑机和模具符合要求的前提下，保证了测试结果的可靠性，解决了试样制备对合成树脂的性能测试有显著影响的行业共性问题。

3. 本项目知识产权情况、工业应用推广情况及经济、社会效益、意义等

本项目发表相关科研论文 4 篇。技术内容在研究过程中经中国石化相关合成树脂生产企业的使用得到验证，统一了中国石化主要合成树脂生产企业的注塑试样制备方法，实现了企业注塑试样的规范操作，很好地解决了实验室之间测试结果不一致的问题；减少了时间成本，并能显著降低操作人员的培训成本。现广泛

应用于中国石化相关产品的出厂检验。

该标准研究工作完善了塑料注塑试样制备方法，并以 ISO 标准为基础在国际范围内得到推广应用，提升了中国在 ISO/TC61 塑料标准化技术委员会的技术影响力，并以实际的技术工作积极参与和推动国际标准化工作。国内科研和生产单位的实验室可用该方法完善和改进现有注塑试样制备技术，有助于新材料的研发和产品的质量控制。

INTERNATIONAL STANDARD

ISO 294-1

Second edition
2017-05

Plastics — Injection moulding of test specimens of thermoplastic materials —

Part 1:
General principles, and moulding of multipurpose and bar test specimens

Plastiques — Moulage par injection des éprouvettes de matériaux thermoplastiques —
Partie 1: Principes généraux, et moulage des éprouvettes à usages multiples et des barreaux

Reference number
ISO 294-1:2017(E)

标准文本封面

2022

中国石化北京化工研究院科技成果汇编（2018—2022）

新型光致发光聚合物的创制及应用

- **获奖年度：** 2022年
- **奖　　种：** 中国石化前瞻性基础性研究科学奖
- **等　　级：** 二等奖
- **完 成 人：** 茹　越　刘振杰　郭照琰　袁　浩　胡晨曦　张　洁
- **成果简介：**

1. 背景及主要技术内容

中国拥有大量组分复杂的烯烃与烷烃混合物，相关机构数据显示全国源于催化裂化、油气回收、乙烯裂解、煤制烯烃等项目的混合碳四、碳五的总量已达5000万t。但由于组分复杂，部分混合烃类资源作为裂解原料使用时极易结焦，只能作为低值燃料使用。本项目研究团队与国内高校合作开发的聚合分离技术，可将烯烃与烷烃混合物中的碳四、碳五、碳八及碳九等烯烃组分作为原料，制备得到具有线型或交联结构的交替共聚物；经聚合分离的烷烃或芳烃可直接作为乙烯、丙烯或苯乙烯等产品的原料，有望使中国石化内部大量未实现资源化利用的混合烃类成为优质的化工原料。但是，该技术会产生大量马来酸酐与烯烃交替共聚物。如果这些交替共聚物没有合适的应用领域，该聚合分离技术将无法实现工业化应用。

本项目首次发现聚合分离技术所制备的马来酸酐与烯烃的交替共聚物均具有光致发光性能，其中马来酸酐与芳香族烯烃或醋酸乙烯酯的交替共聚物还可通过非传统发光基团间的空间共轭作用将紫外光转化为可见光，具有重要的实用价值。通过对发光机理的深入研究，发明并制备了多种具有聚集诱导发光特性的光致发光新材料。其中，通过马来酸酐开环制备的水溶性共聚物具有很高的光致发光量子产率，并可以制备具有双发光基团和宽发射光谱的新材料。采用发明的新材料创制了具有潜在应用价值的多种原创新材料和新器件。例如，不使用稀土的白光 LED、高透明高雾度 LED 光扩散材料、高量子产率荧光防伪材料、耐高温抗菌材料和离子浓度检测材料等。

2. 创新点 / 技术发明点

取得了三方面核心技术创新与成果：

（1）在国际上首次发现聚合分离技术所制备的马来酸酐与烯烃的交替共聚物均具有光致发光性能，且马来酸酐与芳香族烯烃或醋酸乙烯酯的交替共聚物还可通过非传统发光基团的空间共轭将紫外光转化为可见光，具有重要的实用价值。

（2）通过对发光机理的研究，设计并制备了多种具有“聚集诱导发光”特性的光致发光新材料。精确控制开环溶剂体系、pH 值、碱金属等条件，得到了多种具有高量子产率、双发光基团和宽发射光谱等特性的聚集诱导发光水溶性离子聚合物。

（3）采用发明的新材料成功制备了具有潜在应用价值的多种原创新材料和新器件。如可取代稀土的白光 LED 照明器件、高透明高雾度 LED 光扩散材料、高量子产率荧光防伪材料等。

3. 本项目知识产权情况、工业应用推广情况及经济、社会效益、意义等

本项目基于新型光致发光聚合物的研究工作已申请中国发明专利 28 件，国际发明专利 16 件，已获中国发明专利授权 11 件，在美国、欧洲、俄罗斯等国家和地区获得发明专利授权 13 件。该技术具有排他性自主知识产权，形成了从制备、改性到制品的全链条专利技术布局。在高水平期刊发表学术论文 9 篇并被多篇顶级期刊发表的论文引用，光扩散研究成果实现了技术许可。

高分散碳三液相加氢催化剂及其专家控制系统开发和应用

◆ **获奖年度：**2022 年

◆ **奖　　种：**中国石化技术发明奖

◆ **等　　级：**二等奖

◆ **完 成 人：**卫国宾　穆　玮　易水生　王　伟　朱宏林　赵　众　房　艳　唐迪平

◆ **成果简介：**

1. 背景及主要技术内容

甲基乙炔（MA）和丙二烯（PD）是丙烯聚合和合成反应的毒物。在乙烯裂解分离流程中，为保证产品丙烯合格，国际上普遍以单段床碳三液相加氢反应器工艺脱除 MAPD。随着产能扩大、流程简化的需求，低成本、高活性、高处理能力、丙烯收益大、操控简单的碳三加氢催化剂和工艺成为全球研发的趋势。本项目从催化反应、流体仿真、过程控制等基础研发入手逐一攻克低成本催化剂、高效单段床工艺、智能化自动控制的技术难题，实现碳三加氢技术整合开发并工业应用。

本项目自主研发的多价态金属掺杂技术，实现了 Pd 纳米团簇在催化剂表面稳定高分散。据此开发的 BC-H-30C 催化剂，Pd 含量 0.1%（质量），为国际同类最低，Pd 分散度是主流催化剂的 5 倍以上，具有活性高、氢气用量少、抗波动性好、操作条件范围宽、使用周期长等特点。

2. 创新点 / 技术发明点

取得了三方面核心技术创新与成果：

（1）创新提出了多价态金属掺杂技术，采用晶型差异化喷涂方法，形成 X-X_2O_3/Al_2O_3 结构的半金属氧化修饰层对 Pd 纳米团簇保护，实现了 Pd 以纳米团簇在催化剂表面稳定的高分散，Pd 含量为国际同类最低。

（2）结合基于以上方法制备高活性催化剂的反应特性，创造性地建立了碳三加氢过程的多相流反应模型，优化了超高空速反应器设计，开发了高效单段床碳三液相加氢反应器工艺技术。

（3）首次基于催化剂特性和深层专家知识，通过临场感知共享控制策略将专家知识体系与先进控制器高度融合，开发了碳三加氢智能专家控制系统并成功应用于工业装置。

3. 本项目知识产权情况、工业应用推广情况及经济、社会效益、意义等

本项目已获中国发明专利授权 13 件。本项目将自主研发的高分散低钯碳三液相加氢催化剂、高效单段床液相加氢反应器工艺以及基于深层专家知识开发的专家控制系统整合成功应用于乙烯装置。

自 2019 年 12 月投用以来，在国际上首次成功实现超过 100 h^{-1} 的超高空速工况应用，催化剂的钯含量为国际同类最低，在增产丙烯与节省氢气方面性能卓著并可实现长周期无再生连续运行，各项性能指标均优于国外技术。工业应用中，BC-H-30C 催化剂表现出加氢活性高、丙烯选择性好、氢气用量少、抗波动性好、耐毒能力强、操作条件范围宽、使用周期长等技术优势。

图 1　BC-H-30C 催化剂装填

图 2　BC-H-30C 催化剂的外观形貌

土壤持久性石油烃污染物高效微生物修复技术研究

◆ **获奖年度：**2022 年

◆ **奖　　种：**中国石化技术发明奖

◆ **等　　级：**三等奖

◆ **完 成 人：**王　岽　王　亭　张永明　杨文革　李博伟　姜健准　胡永红　王建军

◆ **成果简介：**

1. 背景及主要技术内容

据 2014 年《全国土壤污染状况调查公报》公布的结果，土壤环境总体状况不容乐观，全国土壤污染总超标率达到 16.1%。由于起步较晚，并受到区域发展不均衡、土壤类型多样、污染类型复杂等因素的影响，我国土壤修复技术的研究还远未建立完备的技术体系。目前，在国内土壤修复领域，绿色、低碳、可持续的概念开始被广泛提及。随着应用场景由停产企业向在产企业过渡，技术方法也由大规模修复向污染管控发展。具有绿色、可持续、低成本特点的微生物修复技术将在今后土壤污染治理中发挥更大作用。

土壤微生物修复技术是一种利用土著微生物或人工驯化的具有特定功能的微生物，在适宜环境条件下，通过自身的代谢作用，降低土壤中有害污染物活性或将其降解成无害物质的修复技术。本项目开发的土壤持久性石油烃污染物高效微生物修复成套技术，内容涵盖菌种筛选、驯化和诱变技术，菌群构建和复合菌剂制备技术，微生物生长促进技术，菌剂现场扩大化培养和现场微生物修复技术等。针对不同污染物，通过筛选、驯化和诱变，从不同污染介质中获得了 34 种高效降解菌株，部分性能优异的菌株已在国家普通微生物保藏中心进行了专利保藏。通过菌株特性研究，建立了针对不同土壤环境的高效降解菌群构建方法，使微生物菌剂具有更强环境适应和污染物降解能力。建立了有效抑制杂菌干扰的菌剂现场扩大化培养方法，大大提升了菌剂扩大化培养效率，确保了菌剂的纯度和活性。

2. 创新点 / 技术发明点

取得了四方面核心技术创新与成果：

（1）发现了高效石油烃降解菌 34 株，高效多环芳烃降解 8 株，发明了基于离子注入 - 常温等离子体复合诱变菌株改造方法，4 株高效菌种获得了专利保藏。

（2）针对不同环境条件，构建了以真菌为主体的高效微生物复合菌群，发明了适用于石化特征污染物降解的真菌菌剂及应用方法。

（3）基于菌株的全基因组测序和蛋白编码功能注释，分析了影响目标污染物降解的关键酶、代谢中间产物和控制步骤，发明了目标污染物微生物降解过程的调控方法。

（4）发明了菌种现场扩大化培养过程的杂菌抑制方法，通过紫外梯次灭菌、种子液寡养活化和高密度发酵获得了高活性的土壤修复菌剂。

3. 本项目知识产权情况、工业应用推广情况及经济、社会效益、意义等

本项目共有 4 个菌株在中国普通微生物菌种保藏管理中心完成了专利保藏，申请中国发明专利近 20 项，已有 10 项专利获得授权。本项目首次采用真菌菌剂和生物堆，在北京高立庄油库和西关加油站修复石油烃污染土壤 400 m^3，30 天内达到国标一类用地污染风险筛选值。在天津石化原聚醚部修复多环芳烃复合高污染土壤 200 m^3，20 天内土壤多环芳烃降解效率超过 10 mg/（kg · d）。采用本项目开发的高效微生物菌剂治理石油烃和多环芳烃污染土壤，目标污染物降解速率高于国内同类技术水平，较化学修复可降低成本 50% 以上。修复后土壤保持了良好的生物活性，环境效益远大于其他修复技术。

降解菌剂实施修复现场

新型耐划伤低散发长寿命聚丙烯关键制备技术及工业应用

- 获奖年度：2022 年
- 奖　　种：中国石化技术发明奖
- 等　　级：三等奖
- 完 成 人：康　鹏　石胜鹏　刘国禹　邹　杰　蔡　涛　丁树岩　金　滟　柯君豪
- 成果简介：

1. 背景及主要技术内容

汽车内饰件材料在美观功能性、健康舒适性和持久耐用性等特殊性能方面技术门槛高，市场需求量大。为此，汽车主机厂对车用聚丙烯提出了要同时具有表面耐划伤、低 VOCs 散发和耐老化长寿命的严格要求。但聚丙烯天然的易划伤和易老化的缺陷制约了聚丙烯材料在高端汽车内饰件中进一步应用。本项目以市场需求为导向，聚焦汽车细分领域，在传统燃油车注塑模具已经定型的基础上开发复合材料；针对新能源车轻量化特殊需求，率先提出开发技术难度更大的可直接注塑的专用树脂产业化技术。本项目开发的专用树脂兼具有耐划伤、低散发、长寿命（耐老化 / 耐候）、高抗冲、高熔体流动速率等特殊性能。

2. 创新点 / 技术发明点

取得了四方面核心技术创新与成果：

（1）发明了基于中高分子量的高效耐划伤助剂及负载技术，首创了新型耐划伤聚丙烯树脂万吨级产业化制备技术。

（2）探明了 VOCs 产生的机理，发明了自由基抑制剂、吸附剂、汽提剂协同熔体脱除挥发的 VOCs 高效消减技术。

（3）发明了基于中低分子量及柔性基团的长效耐老化调控技术，建立了聚丙烯汽车制件的长寿命评价方法。

（4）开发了耐划伤、低散发、长寿命的聚丙烯复合材料功能化关键制备技术。

3. 本项目知识产权情况、工业应用推广情况及经济、社会效益、意义等

本项目已获中国发明专利授权 26 件。本项目开发的汽车内饰用聚丙烯材料具有力学强度高、综合性能好、耐热性与耐久性优良、寿命长及可靠性好的特点，满足汽车材料轻量化、环保的要求，可广泛应用于汽车柱护板、副仪表板、车门及旋转嵌件等汽车内饰制件上，已在茂名石化进行工业化生产超过 1 万 t，创效超千万元。本项目开发的树脂及材料在汽车领域市场前景良好，满足国家对汽车行业绿色、环保和轻量化的政策引导要求，对进一步拓宽中国石化聚烯烃在汽车轻量化非金属材料领域的应用具有重要意义。

新型乙烯齐聚制线型 α–烯烃技术开发与工业应用

◆ 获奖年度：2022 年

◆ 奖　　种：中国石化科技进步奖

◆ 等　　级：一等奖

◆ 完 成 人：毛远洪　吴春红　谭广飞　栗同林　郑明芳　肖树萌　齐东峰　刘　珺　虞　清　刘宗语　杨文锋　林敏杰　隋军龙　徐　珂　杨江源

◆ 成果简介：

1. 背景及主要技术内容

线型 α-烯烃（LAO）是重要的化工原料，在高端聚烯烃、高级润滑油和高端洗涤剂等领域应用广泛。目前我国 C_6 及以上 LAO 年消费量已达 20 万 t，用于制备高端聚烯烃与高级润滑油的 C_8 及以上 LAO 主要依赖进口，年进口量超 14 万 t，处于国外产品垄断和技术封锁的“卡脖子”状态，严重制约国防安全和相关产业链发展。本项目通过基础理论和工艺技术的原始自主创新、工程放大和设计优化的系统集成创新，开发出具有自主知识产权的 LAO 成套技术，建成了全球首套铁系催化体系的 LAO 工业装置，填补了国内 LAO 技术和产品空白，整体技术达到国际领先水平。

2. 创新点 / 技术发明点

取得了五方面核心技术创新与成果：

（1）探明了齐聚反应中的电子和空间效应，创制出高活性高选择性新型铁系主催化剂。

（2）首次发现了三价铁作为活性中心的证据，揭示了活化 - 极化 - 催化反应机理，首创了新型三元复合催化体系，发明了产品分布调控技术。

（3）揭示了副产物生成机理和反应终止机理，发明了聚合物抑制技术和反应终止技术。

（4）探明了催化剂残渣结构形态及其生成机制，发明了残渣的形态调控技术和高效脱除技术。

（5）创制出新型齐聚反应器及其独特的运行控制技术、能量梯次利用分离工艺及全流程多维度分析方法，集成创新出具有完全自主知识产权的 LAO 成套技术。

3. 本项目知识产权情况、工业应用推广情况及经济、社会效益、意义等

本项目获授权专利国内 25 件，国外 3 项 15 件，专有技术 6 项。在茂名石化建成了全球首套铁系催化体系的 5 万 t/a LAO 工业装置，稳定生产出 C_4 ～ C_{20}^+ 共 9 种产品，C_4 ～ C_{12} 作为下游装置原料自用，C_{14} ～ C_{20}^+ 外销。作为 PAO 装置原料生产的系列 PAO 产品综合指标优于国际同类产品。

该技术的产业化打破了国外对我国 LAO 数十年的技术封锁和产品垄断，解决了我国高端聚烯烃及高等级合成油原料的“卡脖子”问题，确保了国防军工和产业的战略安全。

5 万 t/a LAO 工业装置

高浓气田采出水低成本深度处理资源化成套技术

◆ **获奖年度：**2022 年

◆ **奖　　种：**中国石化科技进步奖

◆ **等　　级：**一等奖

◆ **完 成 人：**马　鸣　张新妙　欧天雄　商剑峰　栾金义　刘建亮　过　良　彭海珠　荆少东　徐新波　龚小芝　刘二喜　赵　辉　张　磊　侯秀华

◆ **成果简介：**

1. 背景及主要技术内容

天然气消费量维持稳定较快增长，由此带动天然气开采力度不断加大，气田采出水量越来越多。气田采出水具有四高特性（高盐、高有机物、高硬度、高氨氮），水质水量波动大，处理难度极大，目前国内外未见气田采出水深度处理资源化稳定运行案例。气田采出水在给天然气生产造成难题的同时，也严重影响了周边生态环境和企业可持续发展。

本项目主要针对高浓气田采出水深度处理资源化难题，开发了具有自主知识产权的高浓气田采出水低成本深度处理资源化成套技术工艺包，并在普光气田成功实现工业应用，实现了气田采出水深度处理资源化，缓解了回注压力和企业生存压力，保障了气田稳定高效增产。

2. 创新点 / 技术发明点

主要取得了五方面核心技术创新与成果：

（1）开发了采出水复杂水质综合调控技术和高残余除硫剂采出水 ORP 控制技术，创建了采出水复杂水质五日生化需氧量（BOD_5）准确评估方法。

（2）构建了采出水耐高盐缺氧 / 好氧 / 膜生物反应器（A/O/MBR）生物强化工艺。成功培育了耐盐好氧菌和耐盐厌氧菌菌种，开发了无机膜分离降碳脱氮技术。

（3）开发了高氨氮采出水稳定生物脱氮技术，揭示了耐盐 A/O/MBR 和曝气生物滤池（BAF）脱氮机理。

（4）构建了抗污染内循环高 / 低压反渗透双循环耦合工艺，开发了宽通道短流程"双 S"膜组件，解决了采出水水质复杂难题。

（5）研发了多相梯级臭氧催化氧化工艺，优化提升了无机污染物深度去除技术。

3. 知识产权情况、工业应用推广情况及经济、社会效益、意义等

本项目共获授权中国发明专利 16 件，形成团体标准 1 项，发表论文 5 篇，其中在国际期刊发表论文 3 篇，合计影响因子 29.2。本项目 2019 年底在普光气田建成 1000 m^3/d 采出水深度处理成套装置，污水回收率 80% 以上，浓水 TDS 150000 mg/L 以上，系统产水满足循环水补水回用要求全部回用。

本项目整体工艺运行稳定、技术可靠、成本经济合理，极大降低了回注成本，为企业年节支回注拉运成本 2658 万元，保障了气田稳定增产，不仅为中国石化油气田采出水处理提供了技术支撑，而且为国内外气田采出水深度处理提供了良好示范，具有良好经济、环境和社会效益。

普光气田采出水深度处理资源化现场

CM 催化剂技术开发及工业应用

- 获奖年度：2022 年
- 奖　　种：中国石化科技进步奖
- 等　　级：二等奖
- 完 成 人：郭正阳　谷凤来　王子强　王宝君　雷世龙　李大伟　刘萃莲　魏　亮　唐　璐　张晓帆　王　迎　马海霞
- 成果简介：

1. 背景及主要技术内容

超高分子量聚乙烯（UHMWPE）具有强度、模量高，耐磨性、耐腐蚀性、抗黏附性、自润滑性好等诸多优点，已在军工、国防、纺织、化工机械等领域得到广泛应用。目前，通过聚合直接得到 UHMWPE 粉料平均粒径在 120 ～ 300 μm。开发直接聚合制备平均粒径 120 μm 以下 UHMWPE 产品的技术具有重要意义。由于聚烯烃催化剂与聚合物之间具有形貌复制特性，因此小粒径 UHMWPE 制备的关键在于小粒径催化剂的开发。由于小粒径催化剂制备过程中催化剂沉降难、过滤难，生产效率低，产品收率低，生产困难甚至无法进行，国内现有技术不能提供相关催化剂产品，聚合装置无法直接生产平均粒径小于 120 μm 的 UHMWPE 产品。本项目立足于开发具有自主知识产权的催化剂和 UHMWPE 技术，开发的 CM 催化剂具有颗粒形态好、粒度分布集中、粒径小且可调可控、分子量调节能力优异的特点。

2. 创新点 / 技术发明点

取得了三方面核心技术创新与成果：

（1）开发了平均粒径小的颗粒型 CM 催化剂及其制备技术。

（2）开发了特种材料制造多孔过滤设备。

（3）开发了平均粒径小于 120 μm 的 UHMWPE 产品。

3. 本项目知识产权情况、工业应用推广情况及经济、社会效益、意义等

本项目已获中国发明专利授权1件。本项目开发的CM催化剂及其制备技术，完成了催化剂的工业化生产，解决了小粒径催化剂生产过程中沉降难、过滤难、效率低、收率低的问题，实现了国产 UHMWPE 催化剂性能的显著提升和催化剂生产技术的重大突破，催化剂综合性能属于国际先进水平。本项目开发的 CM 催化剂已经在国内外间歇法和连续法淤浆聚乙烯工艺装置工业应用，在国内市场占有率为 80% 以上，是国内生产 UHMWPE 的主要催化剂，采用 CM 催化剂生产的多种牌号产品打破国外垄断，填补国内空白，为国防军事、医卫健康事业作出了贡献。2019—2021 年，新增利润 3 亿元。未来 CM 催化剂技术的应用前景较好，推广应用范围将不断扩大。

图 1　小粒径 UHMWPE 电镜照片

图 2　UHMWPE 用于高强度纤维的制备

绿色化超高模量聚丙烯树脂的开发及应用

◆ **获奖年度：** 2022 年

◆ **奖　　种：** 中国石化科技进步奖

◆ **等　　级：** 二等奖

◆ **完 成 人：** 赵　瑾　赵　均　周俊领　曹豫新　夏先知　崔　欣　刘月祥　孙国辉　谭　扬　石海龙　徐　凯　朱维权

◆ **成果简介：**

1. 背景及主要技术内容

开发绿色化、高模量、高流动性的聚丙烯，可以满足塑料制品大型化、薄壁化、轻量化、环保化的发展需求，拓展聚丙烯的应用领域，并引领聚丙烯及相关下游产业的发展。高结晶化（具备高模量）是聚丙烯高性能化的途径之一。本项目以绿色化高模量聚丙烯市场需求为导向，设计可应用于汽车、家电、医卫、食品包装等领域的产品，通过催化剂体系、助剂体系和聚合工艺技术的创新，开发性能优异且绿色环保的系列高模量聚丙烯树脂。

2. 创新点 / 技术发明点

取得了四方面核心技术创新与成果：

（1）突破了氢调敏感性和立构定向性相互制约的限制，开发了同时具有超高立构定向性和氢调敏感性的非塑化剂型的催化剂体系，适用于制备绿色化高模量聚丙烯产品。

（2）开发了复合型助剂体系，有效提高了树脂的刚性、透明度和结晶速度。

（3）开发了直接氢调法生产超高流动性高模量聚丙烯和绿色化产品生产技术。

（4）基于催化剂体系、助剂体系和聚合工艺调控技术开发了处于国际领先水平的绿色化超高模量聚丙烯产品，通过了 FDA、RoHS 等多项检测认证。

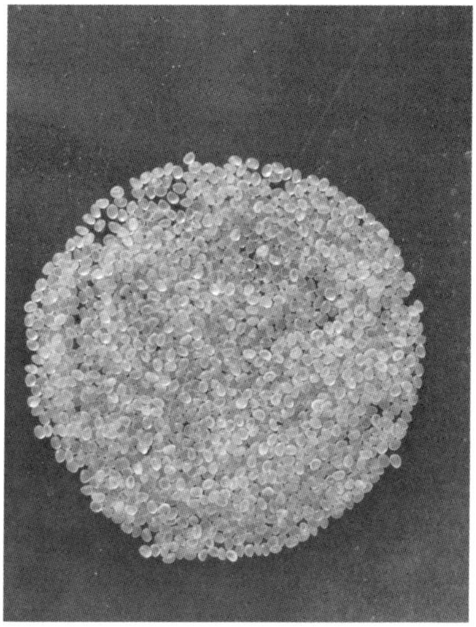

图 1　聚合物粒料

3. 本项目知识产权情况、工业应用推广情况及经济、社会效益、意义等

本项目已获授权中国发明专利 5 件。本项目成功开发了系列绿色化高模量聚丙烯产品，广泛应用于汽车、高铁、食品包装、医疗用品、家电及日用品领域，产品已在十几家国内外知名公司应用，部分产品成功出口日本、印尼等国家。本项目累计创造新增产值十多亿元，创效数千万元，市场占有率逐渐扩大，市场前景良好。

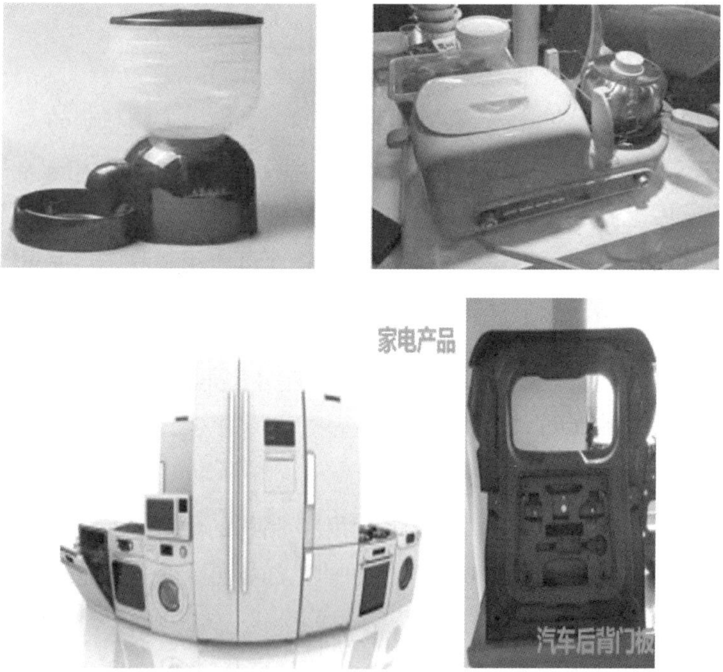

图 2　超高模量聚丙烯制品

双酚 A 先进评价方法及 ASTM 系列标准的建立

- **获奖年度：** 2022 年
- **奖　　种：** 中国石化科技进步奖
- **等　　级：** 二等奖
- **完 成 人：** 黄　煜　高　静　杨化浩　者东梅　高　昂　胡　法　刘玉春　李　雪　罗　莎　王笑妍　薛燕波　郭若海
- **成果简介：**

1. 背景及主要技术内容

国内市场双酚 A 长期供不应求，强劲的需求持续推动中国石化扩大对双酚 A 的布局。但是，国内双酚 A 产业起步晚、规模小，长期以来，关键技术指标主要为国外控制，中国话语权弱。为引领和指导双酚 A 行业的发展，巩固和扩大中国石化在双酚 A 行业的领先地位，建立国际标准十分必要。本项目分析确定了影响双酚 A 产品质量和性能的关键控制项目，建立了配套的分析方法，研究改进了现有方法的不足，提高准确度和先进性，利用 5 年时间，打通了立项、审查等关键环节，主导完成了 2 项 ASTM 标准。

2. 创新点 / 技术发明点

取得了四方面核心技术创新与成果：

（1）确定了影响双酚 A 及下游聚合物的产品质量、聚合稳定性和产物安全性的关键参数，建立了针对微量杂质的检测评价方法，主导制定了 ASTM D8266，方法重复性好、准确度高，填补了国际空白。

（2）针对现有色度评价方法定位于低端产品、质量控制水平低、精度差的问题，研究建立了色度评价的新方法，方法先进、定位准确，提高了质量控制水平。

（3）建立了准确度高、重复性好的国际先进标准 ASTM D8266 和 D4789，获得了 ASTM 官方的高度肯定。

（4）形成了科学、完善的双酚 A 国际评价体系，有效指导和引领行业发展，获得了广泛的国际影响力。

3. 本项目知识产权情况、工业应用推广情况及经济、社会效益、意义等

本项目针对下游塑料产品质量和安全的发展需要，主导完成了 2 项 ASTM 标准，建立和统一了国际上产品评价的标准体系。方法原理清晰、定量准确、实用性强。2 项 ASTM 标准自发布以来，被多家行业龙头企业采用，并被全国基本有机原料监督检验中心、山东省产品质量检验研究院等检验机构广泛采用。2 项 ASTM 标准有效提高了产品质量控制水平，增强了产品的国际竞争力，减少了国际贸易纠纷，已成为产品质量检验和仲裁的重要依据，有力地推动了中国石化向全球中高端市场迈进。

This international standard was developed in accordance with internationally recognized principles on standardization established in the Decision on Principles for the Development of International Standards, Guides and Recommendations issued by the World Trade Organization Technical Barriers to Trade (TBT) Committee.

Designation: D8266 – 19

Standard Test Method for Analysis of Bisphenol A (4,4'-Isopropylidenediphenol) by High Performance Liquid Chromatography[1]

This standard is issued under the fixed designation D8266; the number immediately following the designation indicates the year of original adoption or, in the case of revision, the year of last revision. A number in parentheses indicates the year of last reapproval. A superscript epsilon (ε) indicates an editorial change since the last revision or reapproval.

1. Scope

1.1 This test method covers the determination of trace impurities in bisphenol A (4,4'-Isopropylidenediphenol) by reverse-phase gradient high performance liquid chromatography (HPLC). It is generally meant for the analysis of bisphenol A of 99.5 % or greater.

1.2 This method is applicable to bisphenol A samples containing impurity concentration between 2 and 400 mg/kg. Users of this method believe it is linear over a wider range.

1.3 In determining the conformance of the test results using this method to applicable specification, results shall be rounded off in accordance with the rounding-off method of Practice E29.

1.4 The values stated in SI units are to be regarded as standard. No other units of measurement are included in this standard.

1.5 *This standard does not purport to address all of the safety concerns, if any, associated with its use. It is the responsibility of the user of this standard to establish appropriate safety, health, and environmental practices and determine the applicability of regulatory limitations prior to use.* For a specific hazard statement, see Section 8.

1.6 *This international standard was developed in accordance with internationally recognized principles on standardization established in the Decision on Principles for the Development of International Standards, Guides and Recommendations issued by the World Trade Organization Technical Barriers to Trade (TBT) Committee.*

2. Referenced Documents

2.1 *ASTM Standards:*[2]

D4297 Practice for Sampling and Handling Bisphenol A(4,4'-Isopropylidinediphenol)

D6809 Guide for Quality Control and Quality Assurance Procedures for Aromatic Hydrocarbons and Related Materials

E29 Practice for Using Significant Digits in Test Data to Determine Conformance with Specifications

E691 Practice for Conducting an Interlaboratory Study to Determine the Precision of a Test Method

2.2 *Other document:*[3]

OSHA Regulations 29 CFR paragraphs 1910.1000 and 1910.1200

3. Summary of Test Method

3.1 A known amount of an internal standard is added to a sample of bisphenol A. The prepared sample is mixed and analyzed by a reverse-phase gradient liquid chromatography (HPLC) equipped with an ultraviolet detector. The peak area of each impurity and the internal standard is measured. The amount of each impurity is calculated from the ratio of the peak area of the internal standard versus the peak area of the impurity.

4. Significance and Use

4.1 Bisphenol A is used for production of polycarbonate or epoxy resin. The presence of impurities in bisphenol A is undesirable because they may slow down the polymerization and be impurities in the final product.

4.2 Determination of the trace impurities, such as isomer of bisphenol A and the unreacted raw material, is often required. This test method is suitable for setting specifications and for using as an internal quality control where these products are produced or used.

4.3 Purity is commonly reported by subtracting the determined expected impurities and water from 100 %. However, a HPLC analysis cannot determine absolute purity if unknown components are contained within the material being examined.

[1] This test method is under the jurisdiction of ASTM Committee D16 on Aromatic, Industrial, Specialty and Related Chemicals and is the direct responsibility of Subcommittee D16.02 on Oxygenated Aromatics.

Current edition approved June 1, 2019. Published November 2019. DOI: 10.1520/D8266-19.

[2] For referenced ASTM standards, visit the ASTM website, www.astm.org, or contact ASTM Customer Service at service@astm.org. For *Annual Book of ASTM Standards* volume information, refer to the standard's Document Summary page on the ASTM website.

[3] Available from U.S. Government Printing Office, Superintendent of Documents, 732 N. Capitol St., NW, Washington, DC 20401-0001, http://www.access.gpo.gov.

Copyright © ASTM International, 100 Barr Harbor Drive, PO Box C700, West Conshohocken, PA 19428-2959. United States

1

图 1 主持编制标准 ASTM D8266

This international standard was developed in accordance with internationally recognized principles on standardization established in the Decision on Principles for the Development of International Standards, Guides and Recommendations issued by the World Trade Organization Technical Barriers to Trade (TBT) Committee.

Designation: D4789 – 20ε1

Standard Test Method for Solution Color of Bisphenol A (4,4'-Isopropylidenediphenol)[1]

This standard is issued under the fixed designation D4789; the number immediately following the designation indicates the year of original adoption or, in the case of revision, the year of last revision. A number in parentheses indicates the year of last reapproval. A superscript epsilon (ε) indicates an editorial change since the last revision or reapproval.

ε1 NOTE—Research report information in Section 12 was updated editorially in February 2021.

1. Scope*

1.1 This test method covers the procedure for determination of the Platinum-Cobalt Color of bisphenol A (4,4'-Isopropylidenediphenol) dissolved in methanol.

1.2 This test method has been found applicable for the determination of solution color of bisphenol A to 20 Pt-Co color units.

1.3 The following applies for the purposes of determining the conformance of the test results using this test method to applicable specifications, results shall be rounded off in accordance with the rounding-off method of Practice E29.

1.4 The values stated in SI units are to be regarded as standard. No other units of measurement are included in this standard.

1.5 *This standard does not purport to address all of the safety concerns, if any, associated with its use. It is the responsibility of the user of this standard to establish appropriate safety, health, and environmental practices and determine the applicability of regulatory limitations prior to use.* For specific hazard statements, see Section 8.

1.6 *This international standard was developed in accordance with internationally recognized principles on standardization established in the Decision on Principles for the Development of International Standards, Guides and Recommendations issued by the World Trade Organization Technical Barriers to Trade (TBT) Committee.*

2. Referenced Documents

2.1 *ASTM Standards:*[2]

D1193 Specification for Reagent Water

D4297 Practice for Sampling and Handling Bisphenol A(4,4'-Isopropylidinediphenol)

D6809 Guide for Quality Control and Quality Assurance Procedures for Aromatic Hydrocarbons and Related Materials

E29 Practice for Using Significant Digits in Test Data to Determine Conformance with Specifications

E691 Practice for Conducting an Interlaboratory Study to Determine the Precision of a Test Method

2.2 *Other Documents:*

OSHA Regulations, 29 CFR paragraphs 1910.1000 and 1910.1200[3]

3. Summary of Test Method

3.1 Bisphenol A is dissolved in methanol. This solution is then transferred to a color comparison tube and the color compared to that of the Platinum-Cobalt Color Standards, either visually or by means of a spectrophotometer. The color is reported as that closest to the applicable standard.

4. Significance and Use

4.1 Color is caused by impurities in the bisphenol A. The acceptable amount of color depends on the end-use of the bisphenol A.

4.2 This test method can be used for internal quality control. This method provides the information required to set specifications.

5. Interferences

5.1 The presence of any turbidity or haze will affect the color reading.

5.2 A bisphenol A color that is off-hue, or tinted with respect to the color standards, may interfere with proper color comparison.

6. Apparatus

6.1 *Color Comparison Tubes*—Matched Nessler tubes with 50 mL or 100 mL graduation marks, or both, provided with ground-on, optically clear, glass caps.

[1] This test method is under the jurisdiction of ASTM Committee D16 on Aromatic, Industrial, Specialty and Related Chemicals and is the direct responsibility of Subcommittee D16.02 on Oxygenated Aromatics.

Current edition approved Oct. 1, 2020. Published December 2020. Originally approved in 1988. Last previous edition approved in 2012 as D4789 – 12. DOI: 10.1520/D4789-20E01.

[2] For referenced ASTM standards, visit the ASTM website, www.astm.org, or contact ASTM Customer Service at service@astm.org. For *Annual Book of ASTM Standards* volume information, refer to the standard's Document Summary page on the ASTM website.

[3] Available from U.S. Government Printing Office Superintendent of Documents, 732 N. Capitol St., NW, Mail Stop: SDE, Washington, DC 20401, http://www.access.gpo.gov.

*A Summary of Changes section appears at the end of this standard

Copyright © ASTM International, 100 Barr Harbor Drive, PO Box C700, West Conshohocken, PA 19428-2959. United States

1

图 2 主持编制标准 ASTM D4789

抗粘蒸煮型流延膜专用聚丙烯关键技术开发及工业化

- **获奖年度：** 2022 年
- **奖　　种：** 中国石化科技进步奖
- **等　　级：** 三等奖
- **完 成 人：** 李　静　梁　平　封水彬　王路生　邵磊山　彭　叶　湛　贞　梁志斌　姜武会
- **成果简介：**

1. 背景及主要技术内容

流延聚丙烯（CPP）蒸煮膜是可以与食品等材料一起经得起蒸或煮的薄膜材料，已成为塑料包装薄膜中发展趋势最快的薄膜之一。目前 CPP 蒸煮膜在使用过程中存在薄膜断面发黄、雾度高、析出物过多、质量不稳定等现象。因此，解决 CPP 薄膜断面发黄问题，开发高透明性、附加值高的 CPP 薄膜专用料符合市场需求。本项目针对上述市场需求，通过对聚合物分子结构设计、催化剂筛选、中试聚合工艺条件摸索、高效透明无机纳米助剂开发及抗静电剂末端注入工艺的开发等方面，对抗粘蒸煮型聚丙烯流延膜专用料进行了系统研究。通过选择活性高、立构定向性高、乙烯反应好的催化剂制备基础树脂，然后添加高透明型无机纳米复合助剂以及采用抗静电剂末端注入工艺技术三者结合，控制聚丙烯流延膜树脂的分子量及其分布、乙烯含量及装置连续稳定运行，成功开发了高透明性、抗粘连、雾度低的聚丙烯流延膜专用料的生产技术。

2. 创新点 / 技术发明点

取得了三方面核心技术创新与成果：

（1）根据流延膜专用料使用性能和加工性，设计出抗粘蒸煮型聚丙烯流延膜专用料分子量分布窄、高乙烯含量分子结构，并制备出高活性、乙烯响应性好的催化剂。

（2）开发了抗静电剂末端注入工艺技术，并对生产工艺进行优化，解决了聚丙烯流延膜专用料在高乙烯含量下物料发黏的问题，保证了装置长周期平稳运行和产品质量稳定性。

（3）开发出一种粒径＜100 nm、具有高比表面积、折射率为 1.49 ～ 1.50 的高效球形无机纳米复合助剂。其与传统无机开口剂相比，具有添加量少，且不影响薄膜的透明性和表面光泽的性能。

3. 本项目知识产权情况、工业应用推广情况及经济、社会效益、意义等

本项目已获中国发明专利授权 2 件，发表论文 1 篇。本项目成功开发了应用于蒸煮膜芯层或电晕层的抗粘蒸煮型流延聚丙烯薄膜（CPP）热封层专用料和芯层专用料，已在广东多家包装企业应用。生产的三层共挤 CPP 膜，薄膜透明性好、断面不发黄、薄膜收卷顺畅无粘连、无破洞等外观异常情况，产品加工性能良好，薄膜外观性能优越，无折皱，平整度好，无杂质，薄膜晶点满足要求。近年来，抗粘蒸煮型聚丙烯流延膜系列产品累计销售超过 7 万 t，创造了可观的经济效益。

污水高比例回用于循环水无磷低磷处理技术

◆ **获奖年度：**2022 年

◆ **奖　　种：**中国石化科技进步奖

◆ **等　　级：**三等奖

◆ **完 成 人：**秦会敏　谢文州　叶晓林　郦和生　任志峰　刘媛媛　韩　笑　楼琼慧　杨　玉

◆ **成果简介：**

1. 背景及主要技术内容

中国石化是特大型石油石化企业，既是用水大户，也是排污大户。污水回用成为节水减排、控制污染物排放总量的重要途径。2020 年 12 月 10 日长江流域企业生态环境保护座谈会提出，要在三年时间内将沿江企业污水回用率提高到 60%，条件好的企业达到 80% 以上。循环水系统用水量约占企业工业用水量的 50% 以上，外排污水经适度处理后作为补水回用到循环水系统是提高企业整体污水回用率的最重要的途径。随着环保要求日趋严格，污水排放标准不断提高，企业增加了污水提标设施，污水水质更好，也更加有利于回用到循环水系统。中国石化多数企业开展了污水替代新鲜水作为循环水补水的工作，但仍然存在污水补水比例不高、缓蚀阻垢剂非绿色、未统筹考虑整个水系统的平衡等问题。

本项目研究污水作为补水时各种因素的影响，开发了污水高比例回用的循环水无磷低磷绿色处理成套技术，污水补水比例超 60%，可达 100%，浓缩倍数在 5 倍以上，大大提高了企业整体污水回用率，降低了排污水磷含量，满足了环保和污水资源化利用的要求。

2. 创新点 / 技术发明点

取得了四方面核心技术创新与成果：

（1）发现了腐蚀速率和沉积率与钙硬度和总碱度的数学规律，建立了相关数学模型，解决了常用的朗格利尔指数和雷兹纳指数对腐蚀结垢仅能定性判断的弊端。

（2）发现了污水作为补水时水质稳定的关键因子，提出了污水回用的循环水处理原则。

（3）基于构效关系研究，设计了具有缓蚀和阻垢性能官能团的分子，合成了性能优良的新型无磷缓蚀单剂，提高了无磷药剂的缓蚀性能。

（4）开发了污水高比例回用的无磷药剂及清洗预膜、冷态运行、正常运行和异常工况的全流程工业应用方案，建立了共聚物浓度分析方法，解决了无磷药剂浓度监控难题；基于企业水系统磷平衡，开发了污水高比例回用的低磷循环水处理成套技术。

3. 本项目知识产权情况、工业应用推广情况及经济、社会效益、意义等

本项目已获中国发明专利授权 30 件。本项目的污水高比例回用于循环水无磷低磷处理技术分别在中国石化循环水系统工业应用，污水补水比例均达到 60% 以上，甚至 100%，碳钢腐蚀速率和黏附速率优于中国石化循环水处理要求。

工业应用现场装置

绿色环保轻量化车用聚丙烯关键技术及工业应用

◆ 获奖年份：2022 年

◆ 奖　　种：中国石油化学与工业联合会科技进步奖

◆ 等　　级：一等奖

◆ 完 成 人：康　鹏　林　龙　郭明海　张晓红　史绽春　张　勇　蔡　涛　游忠林　刘国强　石胜鹏　柳兆坤　李梦雪　辛　琦　胡庆云　戴文威

◆ 成果简介：

1. 背景及主要技术内容

汽车行业作为国民经济的支柱产业，近年来发展迅速。面对全球气候问题，早日实现“碳达峰碳中和”目标，占全球 CO_2 排放总量 14% 的汽车行业的节能减排愈加显得重要而紧迫。为此，通过技术创新实现汽车轻量化是降低能耗、减少 CO_2 排放的重要方向。“以塑代钢”的轻量化高分子复合材料由于密度小、加工简易以及可回收的特点得到了业界的高度重视，其在整车上的用量已从 20 世纪 90 年代的 130 kg 上升到现用量的 230 kg，约占整车的 20%。而每替代金属材料 10%，即可整体减重 5%，展现了其广阔的应用前景。其中汽车内饰件材料除要求轻量化外，更对其生命周期内 VOCs 和气味等绿色环保方面提出严格要求。开发绿色环保轻量化汽车内饰材料，既满足消费者需求，又符合未来发展趋势，还可大幅提升我国聚丙烯树脂品质和附加值。

本项目面向人民生命健康，面向经济主战场，聚焦车内空气质量、“双碳”

政策和消费升级，从汽车高端内饰件用聚丙烯入手，在有效调控聚丙烯结构的同时，通过全流程 VOCs 调控，从源头解决 VOCs 释放和易老化问题，开发绿色环保型汽车轻量化聚丙烯树脂，可有效促进汽车内饰材料升级转型，已用于汽车仪表板、门内护板、衣帽架等内饰件，为我国车用合成树脂提质增效提供了有效技术支持。

2. 创新点 / 技术发明点

取得了四方面核心技术创新与成果：

（1）探明了挥发性有机物在材料中多阶释放的动力学和热力学机理，基础研究支撑新产品开发。

（2）开发了国际先进的 VOCs 溯源调控技术，发明了 VOCs 抑制复合助剂、耐长期老化功能母粒及 VOCs 高效脱除技术。

（3）开发了绿色环保型汽车轻量化聚丙烯树脂产业化制备技术，实现了在两种工艺聚丙烯工业装置上在线调控稳定化生产。

（4）开发了绿色环保汽车轻量化聚丙烯复合材料制备技术，实现了在多家知名车企多种汽车制件的应用。

3. 知识产权情况、工业应用推广情况及经济、社会效益、意义等

本项目首创绿色环保轻量化抗冲聚丙烯树脂工业在线调控技术，已在两种工艺聚丙烯工业装置上实施，突破了耐长期老化和长效低 VOCs 难以兼顾的技术瓶颈，应用于汽车立柱、门内板、仪表板等 6 种汽车制件，初步形成了上下游贯通的完整产业链技术，整体技术达国际先进水平，部分达国际领先水平。共申请中国发明专利 20 件，获授权 19 件，发表论文 12 篇。

应用实施范围和规模方面，首先 VOCs 溯源技术，已为多个产业链企业提供技术服务 300 余人次。开发的 VOCs 调控技术，已在扬子石化和镇海炼化工业化应用，2019 年至今累积生产 18.28 万 t，创收 16.49 亿元，创效 3.38 亿元，填补了市场空白，助力车内空气质量改善，引领车用聚丙烯绿色环保新方向，并应用于多家汽车主机厂。开发的树脂及复合材料在汽车领域市场前景广阔，尤其满足国家对汽车行业绿色、环保和轻量化的政策引导要求，可进一步拓宽聚丙烯在汽车轻量化非金属材料领域的应用。对汽车行业以及上下游相关产业链，减少能源消耗、促进“碳达峰碳中和”目标的实现具有现实和长远意义。

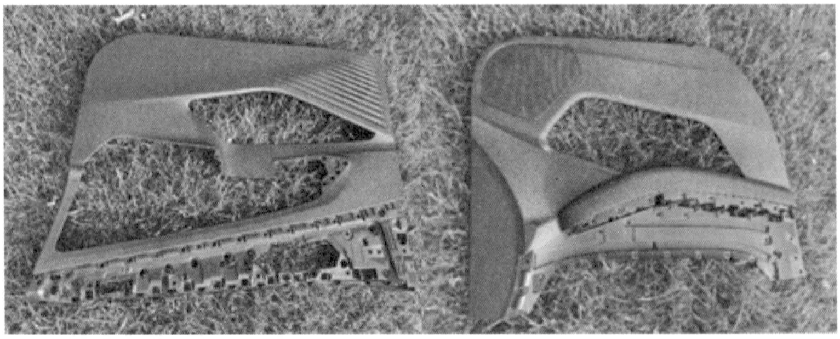

绿色环保轻量化聚丙烯制备的汽车制件

新型高效银催化剂的设计开发与应用

◆ **获奖年度：**2022 年

◆ **奖　　种：**中国石油和化学工业联合会科技进步奖

◆ **等　　级：**三等奖

◆ **完 成 人：**李　巍　李金兵　汤之强　周　铭　屈　进

◆ **成果简介：**

1. 背景及主要技术内容

我国每年乙烯产量的 40% 以上都用于生产环氧乙烷 / 乙二醇（EO/EG），产值约 1000 亿元 /a，是目前世界上最大的 EO/EG 生产国和消费国。银催化剂是乙烯氧化法制环氧乙烷的唯一工业催化剂，支撑了“乙烯 - 环氧乙烷 - 乙二醇 - 聚酯”产业链的健康发展。

随着 EO/EG 装置产能不断扩大、负荷不断提高，对银催化剂性能提出了更高要求。本项目通过设计催化剂载体微观、宏观结构和多元助催化体系，研究开发了新型高效 YS-9030 银催化剂，有效提高了催化剂的传质传热效率，消除了反应热点，可适用更高负荷条件。

2. 创新点 / 技术发明点

取得了三方面核心技术创新与成果：

（1）发现并掌握了控制银催化剂载体通透性的方法，设计了高通透性载体微观结构，使催化剂传质传热效率得到显著改善，解决了床层温差较大的技术难题，使床层温差从 10℃左右缩小至 2℃以内；同时提高了活性中心利用效率，解决了高时空产率工况下的稳定性问题，实现了催化剂可稳定运行 3 年以上。

（2）揭示了催化剂宏观形貌对反应的影响规律，设计了新型宏观外型，攻克了压力降与堆密度难以平衡的技术难题，实现了在保证床层压力降满足要求的前提下，堆密度增加约 10%。

（3）揭示了关键助剂对提高选择性的作用机理，研创了高效助催化剂体系，并掌握了缩短诱导期的驯化控制方法，发明了诱导期调控技术，攻克了初期选择性偏低和提升速度较慢的技术难题，实现了开车一个月内选择性可突破 88%。

3. 本项目知识产权情况、工业应用推广情况及经济、社会效益、意义等

本项目已获中国发明专利授权 3 件，所研发的新型高效 YS-9030 银催化剂在多家企业成功实现工业应用，各项性能均优于保证值，催化剂综合性能达到国际先进水平；同时减少了 CO_2 排放量，创造了可观的经济效益和社会效益。该项目的成功应用，实现了最高选择性达到 90%、可适用于更高负荷的新一代高效银催化剂的国产化，使 YS 系列银催化剂的适用工况更为广泛，催化剂综合性能得以进一步提高，床层温度分布均匀性及长周期稳定性得到显著强化，进一步打破国外高效银催化剂的垄断局面，对我国银催化剂事业和 EO/EG 行业发展起到了重要推动作用。

新型双向拉伸聚乙烯薄膜专用树脂分子结构调控及工业化

◆ **获奖年度：**2022 年

◆ **奖　　种：**中国化工学会技术发明奖

◆ **等　　级：**一等奖

◆ **完 成 人：**高达利　张师军　施红伟　徐　萌　徐　凯　吴长江　白弈青　权　慧　任敏巧

◆ **成果简介：**

1. 背景及主要技术内容

双向拉伸聚乙烯（BOPE）薄膜是将具有特殊分子结构的聚乙烯树脂，经双向拉伸工艺成型的一种新型薄膜材料。与现有技术的吹塑和流延聚乙烯产品相比，加工效率以及薄膜制品的性能均得到显著提升。然而现有通用聚乙烯树脂由于分子结构的限制，不能满足双向拉伸工艺的要求。本项目通过聚合物分子结构调控技术设计了适用于双向拉伸工艺的聚乙烯树脂结构，制备出适合双向拉伸工艺的新型 BOPE 树脂。并且，在聚合过程中创新性采用了非茂催化剂，并通过“工艺－凝聚态结构演变－薄膜性能”关系的研究，在不影响树脂和薄膜性能的同时，解决了双向拉伸成膜性、设备适应性和高速化工业生产问题，进而开发出多项创新薄膜材料及其制备技术。

2. 创新点 / 技术发明点

取得了三方面核心技术创新与成果：

（1）通过分子结构调控技术解决了通用 PE 原料无法进行平膜法双向拉伸的

问题，成功开发出国内首创的工业化 BOPE 薄膜专用料。

（2）通过 BOPE 树脂在双向拉伸过程中聚集态结构演变机理的研究，成功指导并实现了不同规模的主流双向拉伸生产线上工业化 BOPE 薄膜的生产。

（3）创新性开发了 BOPE 薄膜在不同领域和场景下的新应用和新型薄膜材料。

3. 本项目知识产权情况、工业应用推广情况及经济、社会效益、意义等

本项目已获中国发明专利授权 60 件。本项目通过分子结构调控技术解决了通用 PE 原料无法进行平膜法双向拉伸的问题，成功开发出了国内首创的工业化 BOPE 薄膜专用料；通过“工艺 - 凝聚态结构演变 - 薄膜性能”关系的研究，实现了大幅宽 BOPE 薄膜的高速工业化生产，技术整体水平达到了国际领先；项目开发出多项创新薄膜材料及其制备技术，如全聚乙烯单一材质可回收包装、轻量化复合包装等，在推动新型 BOPE 树脂和薄膜大规模应用的同时，持续助力塑料薄膜行业的绿色化和可持续化发展，助力我国实现碳达峰碳中和，具有重要的经济和社会意义。本项目技术应用前景广阔，BOPE 专用料及产品受到多家行业龙头企业的认可，项目制备的 BOPE 薄膜在相同或更优性能情况下，对比传统材料减薄超过 40%。比同类进口产品具有更优的可加工性能和双拉生产线适应性。

图 1　BOPE 产品

图 2　BOPE 生产线

非均相臭氧氧化催化剂制备及应用研究

◆ **获奖年度：** 2022 年

◆ **奖　　种：** 中国化工学会科技进步奖

◆ **等　　级：** 三等奖

◆ **完 成 人：** 龚小芝　邱小云　赵　辉　孙　杰　杨晏泉

◆ **成果简介：**

1. 背景及主要技术内容

为了满足日益严格的污水排放标准要求，多数炼化企业面临污水提标改造问题，需提高污水处理深度。而常规的生化处理方法，如缺氧 / 好氧、曝气生物滤池、膜生物反应器等，对污水 COD 处理已达瓶颈，难以取得较大改善，因此需要采用强化氧化的方法对污水进行深度处理。根据已有的研究成果与应用效果，臭氧催化氧化技术在炼化企业污水处理上具有很强的适用性，是企业污水处理场提标改造的重要技术储备。

根据炼化企业污水的特点，本项目开发制备出多种新型臭氧氧化催化剂；进行污水臭氧催化氧化深度处理试验，COD 去除率达到 50% 以上。在此基础上，本项目开发了适用胜利油田污水特点的催化剂，并进行中试应用试验，经过近半年的验证试验，达到预期处理效果。在确保处理效果的前提下，臭氧投加量降低，缩短了反应时间，节约了运行成本。

2. 创新点 / 技术发明点

取得了三方面核心技术创新与成果：

（1）以氧化铝为载体开发了复合活性金属负载型臭氧氧化催化剂，该催化剂催化氧化处理有机污染物具有高效、强断链能力、稳定长效的优势。

（2）基于复合活性金属负载型臭氧氧化催化剂，研究了臭氧催化氧化应用的最佳工艺条件和水质特点，解决了臭氧催化氧化工业应用中的污堵与易失效的问题。

（3）开发了臭氧催化氧化与生化组合处理工艺，以强化反洗、pH 值调控为关键点，实现了工艺长期耐冲击稳定运行。

3. 本项目知识产权情况、工业应用推广情况及经济、社会效益、意义等

本项目已获中国发明专利授权 3 件，已在胜利油田提标升级项目臭氧氧化系统中应用，项目运行超过三年，处理效果稳定，解决了企业原有污水处理系统难以满足新排放标准要求的难题，可在中国石化及全国石化企业的污水提标改造中推广应用，具有广阔的应用前景。

图 1　非均相臭氧氧化催化剂

图 2　胜利油田应用现场

国家奖成果列表

（一）国家科学技术进步奖

序号	项目名称	奖励种类	等级	年限
1	以炼厂气为原料的千吨级聚丙烯技术	科学技术进步奖	二等奖	1985
2	碳三馏分液相加氢除丙炔、丙二烯催化剂研究和工业应用	科学技术进步奖	三等奖	1985
3	乙丙橡胶防水卷材研制	科学技术进步奖	三等奖	1985
4	金属管道塑料防腐外护套	科学技术进步奖	三等奖	1985
5	CBL 裂解炉技术开发	科学技术进步奖	二等奖	1991
6	缓和加氢裂化催化剂（882）及工艺	科学技术进步奖	二等奖	1992
7	石油炼厂催化裂化气分装置丙烯精制技术开发	科学技术进步奖	三等奖	1993
8	年产五千吨邻二甲苯法制苯酐六十克工艺生产装置	科学技术进步奖	三等奖	1993
9	云南化工厂 1000t/a 百菌清工业性试验项目	科学技术进步奖	二等奖	1995
10	BC-2-007 低压羰基合成催化剂研制与工业应用	科学技术进步奖	三等奖	1997
11	国产轿车用高性能塑料系列的开发研究	科学技术进步奖	三等奖	1997
12	7 万 t/a 环管法聚丙烯成套技术	科学技术进步奖	一等奖	2000
13	2.5 万 t/a 碳五分离工业性试验	科学技术进步奖	二等奖	2000
14	新型碳二加氢催化剂的开发和工业应用	科学技术进步奖	二等奖	2002
15	气相法高效聚乙烯催化剂	科学技术进步奖	二等奖	2003
16	高速双轴拉伸聚丙烯（BOPP）专用料生产技术的基础研究及工业应用	科学技术进步奖	二等奖	2004
17	开发建设 10 万 t 大型裂解炉	科学技术进步奖	二等奖	2006
18	复杂原料百万吨乙烯成套技术研发及工业应用	科学技术进步奖	一等奖	2020

（二）国家技术发明奖

序号	项目名称	奖励种类	等级	年限
1	碳二馏分加氢除烘催化剂制备工艺	技术发明奖	四等奖	1981
2	聚丙烯络合Ⅱ型催化剂制造方法及聚合工艺	技术发明奖	三等奖	1982
3	高密度聚乙烯载体Ⅱ型催化剂及树脂生产工艺	技术发明奖	三等奖	1984
4	铝多孔表面高热通量传热管	技术发明奖	三等奖	1987
5	碳三馏分液相加氢催化剂	技术发明奖	三等奖	1992
6	一种新型聚丙烯 N 催化剂的制备方法	技术发明奖	二等奖	1993
7	聚丙烯新型高效催化剂的研究开发及工业应用	技术发明奖	二等奖	2003
8	超细（可达纳米级）橡胶颗粒材料的制备和应用技术	技术发明奖	二等奖	2007
9	聚丙烯分子链结构调控新技术及应用	技术发明奖	二等奖	2012
10	乙烯三聚制 1-己烯新型催化体系及成套工艺技术	技术发明奖	二等奖	2015

（三）其他国家级奖

序号	项目名称	奖励种类	等级	年限
1	THY-SP-01 气相色谱仪	国家科委成果奖	三等奖	1964
2	丙烯高温氯化法制环氧氯丙烷及合成甘油	全国科技大会奖		1978
3	糠醛制顺酐催化剂	全国科技大会奖		1978
4	顺酸直接脱水蒸馏制顺酐	全国科技大会奖		1978
5	邻二甲苯固定床气相氧化制苯酐	全国科技大会奖		1978
6	丙烯羰基合成制丁辛醇	全国科技大会奖		1978
7	任丘、大庆轻柴油管式炉裂解中试	全国科技大会奖		1978
8	高密度聚乙烯	全国科技大会奖		1978
9	聚丙烯（砂子磨一步合成，络Ⅰ催化剂…）	全国科技大会奖		1978
10	络Ⅱ催化剂及溶剂丙烯聚合技术	全国科技大会奖		1978
11	丙烯液相本体聚合新工艺	全国科技大会奖		1978
12	蓄热炉中冷油吸收分离制烯烃	全国科技大会奖		1978
13	偏二甲肼	全国科技大会奖		1978

续表

序号	项目名称	奖励种类	等级	年限
14	有机硅防水剂	全国科技大会奖		1978
15	LZD 系列小型电远传转子流量计	全国科技大会奖		1978
16	丙烯腈污水处理技术	全国科技大会奖		1978
17	顺丁烯二酸酐	国家标准科技成果	三等奖	1985
18	工业液体氯代甲烷	国家标准科技成果	四等奖	1985
19	从碳五馏分中分离异戊二烯间戊二烯和双环戊二烯技术开发	“六五”国家科技攻关表彰		1986
20	氧氯化催化剂	“六五”国家科技攻关表彰		1986
21	裂解 C_5 馏分分离技术	“六五”国家科技攻关表彰		1986
22	万吨级有机硅工业技术开发	“六五”国家科技攻关表彰		1986
23	以炼厂气为原料千吨级聚丙烯	“六五”国家科技攻关表彰		1986
24	顺丁橡胶工业生产新技术	国家科委科技进步奖	特等奖	1987
25	工业用丁二烯试验方法	国家标准局科学技术进步奖	三等奖	1988
26	阻燃聚丙烯扩大试制及推广应用项目	国家技术开发优秀成果奖		1988
27	缓和加氢裂化－蒸汽裂解工艺的研究	“七五”国家科技攻关执行表彰		1989
28	单烯烃中炔烃和二烯烃的催化选择加氢	专利奖	优秀奖	1991
29	缓和加氢裂化－蒸汽裂解工艺	“七五”国家科技攻关表彰		1991
30	年产一万吨、二万吨原型乙烯裂解炉	“七五”国家科技攻关表彰		1991
31	1.4-丁炔二醇生产技术	“七五”国家科技攻关表彰		1991

续表

序号	项目名称	奖励种类	等级	年限
32	寒区住宅用双玻璃塑料窗研制开发及应用	“七五”国家科技攻关表彰		1991
33	用于烯烃聚合和共聚合的催化剂体系	专利奖	优秀奖	1993
34	汽车专用料研究开发	“八五”国家科技攻关表彰		1996
35	汽车用改性聚丙烯材料开发研究	“八五”国家科技攻关表彰		1996
36	CBL-II 型乙烯裂解炉	“八五”国家科技攻关表彰		1996
37	烯烃聚合用的球形催化剂组分制备方法和应用以及球形催化剂	专利奖	优秀奖	2001
38	辐射全硫化超细粉末橡胶的制备和开发	“九五”国家科技攻关表彰	优秀奖	2001
39	燕化 CBL-III 型 6 万 t/a 裂解炉开发	“九五”国家科技攻关表彰	优秀奖	2001
40	新型钛系高效聚乙烯催化剂开发及工业应用	“九五”国家科技攻关表彰	优秀奖	2001
41	炔烃选择加氢催化剂	专利奖	金奖	2003
42	一种氧氯化反应催化剂及其制备方法和应用	专利奖	优秀奖	2007
43	全硫化可控粒径粉末橡胶及其制备方法和用途	专利奖	金奖	2011
44	高性能聚丙烯组合物的制备方法	专利奖	优秀奖	2013
45	一种热交换管及其制造方法和应用	专利奖	优秀奖	2014
46	丙烯聚合物组合物和由其制备的双向拉伸薄膜	专利奖	优秀奖	2015
47	一种用于乙烯三聚的新型催化剂、其制备方法和应用	专利奖	优秀奖	2017
48	用于烯烃聚合的固体催化剂组分和含该催化剂组分的催化剂及其应用	专利奖	银奖	2018
49	一种共轭二烯烃均聚和共聚合工艺的凝胶抑制方法	专利奖	优秀奖	2019
50	一种具有高熔体强度的丙烯均聚物及其制备方法	专利奖	银奖	2020

续表

序号	项目名称	奖励种类	等级	年限
51	用于乙烯聚合的催化剂组分及其催化剂	专利奖	银奖	2020
52	星型高乙烯基含量的溶聚共轭二烯烃 / 单乙烯基芳烃共聚物橡胶及其制备方法	专利奖	优秀奖	2020
53	一种抗菌热塑性塑料组合物及其制备方法	专利奖	优秀奖	2021
54	制备银催化剂用氧化铝载体的方法、由此得到的载体及其应用	专利奖	优秀奖	2021

省部级奖成果列表

（一）中国石化科技进步奖

序号	成果名称	奖励种类	等级	时间
1	以炼厂气为原料的千吨级聚丙烯技术	中国石化科技进步奖	一等奖	1985
2	氧气法乙烯氧氯化制二氯乙烷催化剂	中国石化科技进步奖	三等奖	1985
3	从裂解 C_5 馏分分离异戊二烯、间戊二烯和双环戊二烯的中试试验	中国石化科技进步奖	二等奖	1986
4	氧气法乙烯氧氯化制二氯乙烷催化剂	中国石化科技进步奖	三等奖	1986
5	“加速发展石油化工提高经济效益的途径”研究	中国石化科技进步奖	二等奖	1988
6	缓和加氢裂化催化剂及工艺的研究	中国石化科技进步奖	三等奖	1988
7	CBL 裂解炉技术开发	中国石化科技进步奖	一等奖	1990
8	中试 N 催化剂工业应用试验	中国石化科技进步奖	二等奖	1990
9	FH 中试催化剂的工业应用试验	中国石化科技进步奖	三等奖	1990
10	缓和加氢裂化催化剂（882）及工艺	中国石化科技进步奖	一等奖	1991
11	苯氧化制顺丁烯二酸酐 BC-116 催化剂研制与工业应用	中国石化科技进步奖	三等奖	1991
12	M 系列挠性膜片联轴器的研制	中国石化科技进步奖	三等奖	1991
13	石油炼厂催化裂化气分装置丙烯精制技术开发	中国石化科技进步奖	二等奖	1992
14	二级基本有机原料情报调研	中国石化科技进步奖	二等奖	1992
15	超高分子量聚乙烯研制	中国石化科技进步奖	三等奖	1992
16	国产碳二加氢催化剂首次在 30 万 t/a 乙烯装置应用	中国石化科技进步奖	三等奖	1992
17	热泵技术在气体分馏中的应用	中国石化科技进步奖	三等奖	1992

续表

序号	成果名称	奖励种类	等级	时间
18	N 型高效催化剂间歇本体聚丙烯成套技术开发	中国石化科技进步奖	三等奖	1993
19	BCH 催化剂工业应用试验	中国石化科技进步奖	一等奖	1994
20	聚丙烯 N 催化剂工业试验	中国石化科技进步奖	二等奖	1994
21	聚丙烯 N 催化剂工业应用试验	中国石化科技进步奖	二等奖	1994
22	邻二甲苯氧化制苯酐“60 克工艺”BC-2-25AB 催化剂研究与工业应用试验	中国石化科技进步奖	三等奖	1995
23	填料塔的放大和气液分布装置的研究	中国石化科技进步奖	三等奖	1995
24	BC-2-007 低压羰基合成催化剂研制与工业应用	中国石化科技进步奖	一等奖	1996
25	《乙烯装置技术》《乙烯生产与管理》	中国石化科技进步奖	二等奖	1996
26	脱除精乙烯中微量一氧化碳催化剂 (BR-9201) 的工业生产与应用	中国石化科技进步奖	三等奖	1996
27	脱除聚合级乙烯中微量乙炔和微量氢催化剂	中国石化科技进步奖	三等奖	1996
28	CBL-Ⅱ型裂解炉技术开发	中国石化科技进步奖	一等奖	1997
29	氧气法乙烯氧氯化制二氯乙烷催化剂（BC-2-002）及工业应用	中国石化科技进步奖	二等奖	1997
30	聚丙烯用高效载体催化剂 YS841 工业开发及生产应用	中国石化科技进步奖	三等奖	1997
31	工业聚丙烯 N 催化剂长周期工业试验	中国石化科技进步奖	一等奖	1998
32	N 催化剂新产品牌号开发及工业应用	中国石化科技进步奖	二等奖	1998
33	7 万 t/a 环管法聚丙烯成套技术	中国石化科技进步奖	一等奖	1999
34	2.5 万 t/a 碳五分离工业性试验	中国石化科技进步奖	一等奖	1999
35	全有机水质稳定剂 BC-604、BC-605 的研究及工业应用	中国石化科技进步奖	三等奖	1999
36	年产乙烯 6.0 万 t CBL-Ⅲ型裂解炉工程技术开发和工业试验	中国石化科技进步奖	二等奖	2000
37	6.0 万 t/a CBL-Ⅳ型蒸汽裂解炉技术开发	中国石化科技进步奖	二等奖	2000
38	铑回收技术的开发研究及工业应用	中国石化科技进步奖	三等奖	2000

续表

序号	成果名称	奖励种类	等级	时间
39	气相聚乙烯BCG催化剂的研究开发及工业应用	中国石化科技进步奖	一等奖	2001
40	新型碳二加氢催化剂的开发和工业应用	中国石化科技进步奖	一等奖	2001
41	聚丙烯大球催化剂(DQ-1)工业应用试验	中国石化科技进步奖	二等奖	2001
42	高效节水型冷却技术及设备	中国石化科技进步奖	三等奖	2001
43	《中国化工材料发展现状及迈入新世纪对策》研究	中国石化科技进步奖	一等奖	2002
44	中型乙烯成套技术——中原乙烯改造技术	中国石化科技进步奖	二等奖	2002
45	石脑油低温脱砷催化剂研究和工业应用	中国石化科技进步奖	三等奖	2002
46	国产聚丙烯取代进口聚丙烯在汽车中应用	中国石化科技进步奖	三等奖	2002
47	生产过程节水减污清洁生产技术研究与工业示范	中国石化科技进步奖	三等奖	2002
48	高速BOPP薄膜专用料的研制和开发	中国石化科技进步奖	一等奖	2003
49	几种重要的聚丙烯专用料的基础研究及工业应用	中国石化科技进步奖	一等奖	2003
50	国产NG催化剂在20万t/a气相法聚丙烯装置上工业应用	中国石化科技进步奖	一等奖	2003
51	中型乙烯成套技术——天津乙烯改造技术	中国石化科技进步奖	二等奖	2003
52	反应性聚烯烃合金的开发及应用	中国石化科技进步奖	三等奖	2003
53	科里奥利质量流量计的研制与开发	中国石化科技进步奖	三等奖	2003
54	聚丙烯原理、工艺与技术	中国石化科技进步奖	三等奖	2003
55	20万t/a国产化第二代环管聚丙烯成套技术开发	中国石化科技进步奖	一等奖	2004
56	聚乙烯BCS01催化剂开发及工业应用试验	中国石化科技进步奖	二等奖	2004
57	BCD-1碳三加氢催化精馏组件开发和应用	中国石化科技进步奖	二等奖	2004
58	开发建设10万t大型裂解炉	中国石化科技进步奖	一等奖	2005
59	NA催化剂在釜式工艺聚丙烯装置的工业应用及专用料开发	中国石化科技进步奖	二等奖	2005
60	乙烯裂解炉管强化传热技术	中国石化科技进步奖	一等奖	2006
61	新一代氧氯化催化剂工业应用试验	中国石化科技进步奖	二等奖	2006

续表

序号	成果名称	奖励种类	等级	时间
62	SRT-Ⅳ(HS) 裂解炉改造技术工业应用	中国石化科技进步奖	二等奖	2006
63	超高速 BOPP 薄膜专用料的研制和开发	中国石化科技进步奖	三等奖	2006
64	聚丙烯环管工艺改进及高性能产品开发	中国石化科技进步奖	一等奖	2007
65	BC-29 型邻二甲苯氧化制苯酐催化剂在 4 万 t/a 装置的工业应用	中国石化科技进步奖	二等奖	2007
66	30 万 t/a 聚丙烯成套技术开发	中国石化科技进步奖	二等奖	2007
67	10 万 t/a 以下规模裂解炉改造方案研究	中国石化科技进步奖	三等奖	2007
68	碳二前加氢催化剂工业应用试验	中国石化科技进步奖	三等奖	2007
69	乙烯淤浆聚合 BCE 催化剂的工业应用	中国石化科技进步奖	一等奖	2008
70	64 万 t/a 乙烯分离装置关键技术开发及工业应用	中国石化科技进步奖	二等奖	2008
71	11 万 t/a 大型裂解炉工业化应用	中国石化科技进步奖	二等奖	2008
72	ND 催化剂单环管工艺开发宽分子量分布聚丙烯技术	中国石化科技进步奖	三等奖	2008
73	双峰聚乙烯催化剂的工业应用	中国石化科技进步奖	一等奖	2009
74	聚烯烃管材专用料分级与寿命预测	中国石化科技进步奖	二等奖	2009
75	中国石化高层次工程科技人才培养	中国石化科技进步奖	三等奖	2009
76	达标污水深度处理回用技术	中国石化科技进步奖	三等奖	2009
77	一种高刚耐热抗冲聚丙烯的开发	中国石化科技进步奖	三等奖	2009
78	化工装置节水减排成套技术开发	中国石化科技进步奖	一等奖	2010
79	PE100 聚乙烯管材树脂和燃气管材专用料技术开发	中国石化科技进步奖	一等奖	2010
80	聚乙烯管材专用树脂和抗冲聚丙烯基础研究及工业应用	中国石化科技进步奖	一等奖	2010
81	聚丙烯装置直接生产汽车保险杠专用树脂技术	中国石化科技进步奖	二等奖	2010
82	高性能聚丙烯珠光膜专用树脂开发	中国石化科技进步奖	二等奖	2010
83	工业裂解炉在线快速烧焦技术的开发及工业应用	中国石化科技进步奖	三等奖	2010

续表

序号	成果名称	奖励种类	等级	时间
84	新型碳三液相选择加氢催化剂工业应用试验	中国石化科技进步奖	三等奖	2010
85	丙烯中微量杂质分析技术开发及微量杂质对聚丙烯生产的影响研究	中国石化科技进步奖	三等奖	2010
86	气相聚乙烯 BCS-02 淤浆进料催化剂工业应用试验	中国石化科技进步奖	三等奖	2010
87	烯烃技术进展	中国石化科技进步奖	三等奖	2010
88	大型气相法聚乙烯成套技术	中国石化科技进步奖	一等奖	2011
89	高结晶聚丙烯生产技术	中国石化科技进步奖	二等奖	2011
90	YS-8520 银催化剂的研究开发和工业应用	中国石化科技进步奖	二等奖	2011
91	15 万 t/a 裂解炉工业化应用	中国石化科技进步奖	二等奖	2011
92	BC-249 型苯酐催化剂在 4 万 t/a 装置上的工业应用	中国石化科技进步奖	三等奖	2011
93	炼油污水稳定达标与资源化工业应用	中国石化科技进步奖	三等奖	2011
94	前脱丙烷前加氢催化剂工业应用试验	中国石化科技进步奖	三等奖	2011
95	丙烯 / 丁烯 -1 无规共聚物的工业化开发	中国石化科技进步奖	一等奖	2012
96	用于 PE 氯化料的 BCE-C 催化剂开发及工业试验	中国石化科技进步奖	二等奖	2012
97	高速拉膜用聚酯切片开发	中国石化科技进步奖	二等奖	2012
98	100 万 t/a 乙烯成套技术工程化开发	中国石化科技进步奖	二等奖	2012
99	新型多功能膜工艺用于石化废水的处理回用及工业应用	中国石化科技进步奖	三等奖	2012
100	百万吨乙烯配套废水处理技术优化及工业应用	中国石化科技进步奖	三等奖	2012
101	高刚性易加工汽车用聚丙烯专用料的开发	中国石化科技进步奖	三等奖	2012
102	欧盟 REACH 法规研究与实践	中国石化科技进步奖	三等奖	2012
103	气相聚丙烯连续预聚合技术	中国石化科技进步奖	三等奖	2012
104	BC-DE 乙烯脱氧剂研制及工业应用	中国石化科技进步奖	三等奖	2012
105	茂金属催化剂气相法聚乙烯成套技术及 PE-RT 管材料产品开发	中国石化科技进步奖	一等奖	2013
106	3 万 t/a 溴化丁基橡胶工业成套技术开发	中国石化科技进步奖	一等奖	2013

续表

序号	成果名称	奖励种类	等级	时间
107	YS-8810 银催化剂工业开发及工业应用	中国石化科技进步奖	二等奖	2013
108	环管工艺氢调法高熔指抗冲聚丙烯生产技术开发	中国石化科技进步奖	二等奖	2013
109	浅冷油吸收法回收炼厂干气成套技术开发	中国石化科技进步奖	二等奖	2013
110	基于 ND 催化剂的液相本体聚丙烯工艺及产品成套技术开发	中国石化科技进步奖	二等奖	2013
111	马来西亚 TITAN 公司新增 CBL-R 裂解炉	中国石化科技进步奖	二等奖	2013
112	乙烯中微量杂质分析技术开发及微量杂质对聚乙烯生产的影响规律	中国石化科技进步奖	三等奖	2013
113	YN-1 镍系裂解汽油一段加氢催化剂工业开发和应用	中国石化科技进步奖	三等奖	2013
114	高抗冲型均聚聚丙烯系列产品制备技术开发	中国石化科技进步奖	二等奖	2014
115	河南油田陆相页岩油滑溜水降阻剂研制与应用	中国石化科技进步奖	二等奖	2014
116	大型乙烯裂解炉节能降耗技术创新及产业化示范工程	中国石化科技进步奖	二等奖	2014
117	新型聚丙烯 ND 催化剂技术开发及其在气相聚丙烯工艺的工业应用	中国石化科技进步奖	三等奖	2014
118	BY-5 型裂解汽油二段加氢催化剂的工业开发和应用	中国石化科技进步奖	三等奖	2014
119	聚丙烯 NDQ 催化剂的开发及应用	中国石化科技进步奖	三等奖	2014
120	石油化工十三五科技规划研究	中国石化科技进步奖	三等奖	2014
121	加油站用聚乙烯复合管道系统关键技术开发	中国石化科技进步奖	三等奖	2014
122	无磷缓蚀阻垢剂的研制及工业应用	中国石化科技进步奖	三等奖	2014
123	武汉 80 万 t/a 乙烯成套技术开发	中国石化科技进步奖	一等奖	2015
124	第三代环管法成套技术	中国石化科技进步奖	一等奖	2015
125	直接聚合法高流动高刚高透聚丙烯开发	中国石化科技进步奖	二等奖	2015
126	DQC 催化剂的工业应用	中国石化科技进步奖	二等奖	2015
127	催化加氢法提高乙二醇产品质量技术开发及工业应用	中国石化科技进步奖	三等奖	2015

续表

序号	成果名称	奖励种类	等级	时间
128	3 万 t/a 溴化丁基橡胶生产装置工艺优化及产品质量提高技术攻关	中国石化科技进步奖	三等奖	2015
129	地下管网用新型检查系统（塑料检查井）关键技术开发	中国石化科技进步奖	三等奖	2015
130	CBL-Ⅵ型炉开发及在 SRT-Ⅲ型炉改造中的工业应用	中国石化科技进步奖	三等奖	2015
131	聚丙烯超滤膜的开发与工业应用	中国石化科技进步奖	三等奖	2015
132	相结构调控技术及透明高抗冲聚丙烯开发	中国石化科技进步奖	一等奖	2016
133	基于价值优化的乙烯原料研究及应用	中国石化科技进步奖	一等奖	2016
134	南化公司水污染治理项目研究与开发	中国石化科技进步奖	一等奖	2016
135	汽车油箱用高密度聚乙烯专用料的开发	中国石化科技进步奖	二等奖	2016
136	高性能 HDPE 防渗膜和专用料评价技术开发	中国石化科技进步奖	二等奖	2016
137	百万吨级乙烯改扩建成套技术	中国石化科技进步奖	二等奖	2016
138	平板超滤膜制备技术开发与工业应用	中国石化科技进步奖	二等奖	2016
139	EP5010C 专用树脂在 Spherizone 工艺上的开发应用	中国石化科技进步奖	三等奖	2016
140	氯化聚乙烯专用树脂成套技术及系列牌号开发	中国石化科技进步奖	三等奖	2016
141	元坝天然气净化工程技术开发与工业试验	中国石化科技进步奖	一等奖	2017
142	节能环保型无胶复合膜专用聚丙烯树脂的开发	中国石化科技进步奖	一等奖	2017
143	具有高氢调敏感性和立构定向性的 HR 催化剂的开发及工业应用	中国石化科技进步奖	一等奖	2017
144	20 万 t/a 气体裂解炉开发及工业化应用	中国石化科技进步奖	一等奖	2017
145	高抗冲聚苯乙烯聚合过程相转变调控技术及应用	中国石化科技进步奖	二等奖	2017
146	城市二次供热保温塑料管道关键技术开发	中国石化科技进步奖	三等奖	2017
147	YS-9010 银催化剂的工业开发及应用	中国石化科技进步奖	二等奖	2018
148	低滚阻高耐磨轮胎胎面用溶聚丁苯橡胶工业技术开发及推广应用	中国石化科技进步奖	二等奖	2018

续表

序号	成果名称	奖励种类	等级	时间
149	高效节能碳二回收成套技术开发	中国石化科技进步奖	二等奖	2018
150	PE 管材专用料耐慢速开裂性能快速评价技术	中国石化科技进步奖	三等奖	2018
151	胜利油田稠油采出液集输成套处理技术研究及应用	中国石化科技进步奖	三等奖	2018
152	聚丙烯制品收缩变形研究及低翘曲高韧树脂工业技术开发	中国石化科技进步奖	三等奖	2018
153	石化企业废水及循环水中 VOCs 组学研究与应用	中国石化科技进步奖	三等奖	2018
154	中国石化合成树脂产品质量稳定性评价体系建立及应用推广	中国石化科技进步奖	三等奖	2018
155	绿色高效百万吨级乙烯成套技术开发及工业应用	中国石化科技进步奖	特等奖	2018
156	高附加值合成树脂关键技术开发及应用	中国石化科技进步奖	一等奖	2019
157	新型高性能乙烯淤浆聚合 BCL-100 催化剂技术开发及应用	中国石化科技进步奖	一等奖	2019
158	高温丙烯聚合技术及产品开发	中国石化科技进步奖	二等奖	2019
159	有机超滤膜开发与工业应用	中国石化科技进步奖	二等奖	2019
160	功能性聚丙烯吹塑薄膜的可控制备技术	中国石化科技进步奖	三等奖	2019
161	聚乙烯大口径压力管材残余应力评价技术	中国石化科技进步奖	三等奖	2019
162	双功能 BCNA-30 复合成核剂的开发及应用	中国石化科技进步奖	三等奖	2019
163	河南油田高温油藏化学驱提高采收率技术	中国石化科技进步奖	二等奖	2020
164	环保型高刚高韧聚丙烯树脂开发	中国石化科技进步奖	二等奖	2020
165	高活性自适应氢调性催化剂开发及在系列高刚性聚丙烯开发中的应用	中国石化科技进步奖	二等奖	2020
166	AEB 反硝化处理合成气制乙二醇高硝氮废水	中国石化科技进步奖	二等奖	2020
167	新型绿色健康小中空树脂技术的开发	中国石化科技进步奖	三等奖	2020
168	丙酮加氢制异丙醇催化剂的研发及工业应用	中国石化科技进步奖	三等奖	2020
169	聚烯烃弹性体（POE）专利战略研究	中国石化科技进步奖	三等奖	2020

续表

序号	成果名称	奖励种类	等级	时间
170	功能性高分子膜材料关键技术攻关	中国石化科技进步奖	特等奖	2020
171	煤化工高盐废水零排放与资源化利用成套技术	中国石化科技进步奖	一等奖	2021
172	20 万 t/a 精环氧乙烷成套技术开发与工业应用	中国石化科技进步奖	一等奖	2021
173	高光泽抗冲聚丙烯技术开发	中国石化科技进步奖	二等奖	2021
174	丁二烯尾气选择加氢成套技术	中国石化科技进步奖	二等奖	2021
175	高效降阻可回用滑溜水压裂液及规模化应用	中国石化科技进步奖	二等奖	2021
176	催化裂化废催化剂、树脂不合格品环境危害特性分析技术及应用	中国石化科技进步奖	二等奖	2021
177	新型专用 BCE-C300 催化剂技术开发及应用	中国石化科技进步奖	三等奖	2021
178	高刚聚丙烯排水管道系统寿命预测	中国石化科技进步奖	三等奖	2021
179	车用高性能聚丙烯树脂开发	中国石化科技进步奖	三等奖	2021
180	C_3～C_9 微量杂质在线分析系统及应用	中国石化科技进步奖	三等奖	2021
181	循环水处理效果监控方法系列标准	中国石化科技进步奖	三等奖	2021
182	移动式废气处理成套技术开发与工业应用	中国石化科技进步奖	三等奖	2021
183	调驱用延时增黏功能聚合物的研制与应用	中国石化科技进步奖	三等奖	2021
184	绿色环保汽车轻量化材料技术开发与应用	中国石化科技进步奖	特等奖	2021
185	新型乙烯齐聚制线性 α- 烯烃技术开发与工业应用	中国石化科技进步奖	一等奖	2022
186	高浓气田采出水低成本深度处理资源化成套技术	中国石化科技进步奖	一等奖	2022
187	CM 催化剂技术开发及工业应用	中国石化科技进步奖	二等奖	2022
188	绿色化超高模量聚丙烯树脂的开发及应用	中国石化科技进步奖	二等奖	2022
189	双酚 A 先进评价方法及 ASTM 系列标准的建立	中国石化科技进步奖	二等奖	2022
190	抗粘蒸煮型流延膜专用聚丙烯关键技术开发及工业化	中国石化科技进步奖	三等奖	2022
191	污水高比例回用于循环水无磷低磷处理技术	中国石化科技进步奖	三等奖	2022

（二）中国石化技术发明奖

序号	成果名称	奖励种类	等级	时间
1	防止聚丙烯粉料降解的方法	中国石化技术发明奖	四等奖	1997
2	聚丙烯 DQ 球形高效催化剂的研究开发	中国石化技术发明奖	二等奖	2002
3	纳米级橡胶颗粒 / 聚酰胺超韧合金的制备技术	中国石化技术发明奖	二等奖	2004
4	新型前脱丙烷前加氢催化剂 BC-H-21 开发和工业应用	中国石化技术发明奖	二等奖	2005
5	超细（可达纳米级）橡胶颗粒材料的制备和应用技术	中国石化技术发明奖	一等奖	2006
6	超重力技术用于炼厂干气脱硫化氢的工业应用	中国石化技术发明奖	二等奖	2010
7	新型甲烷化催化剂的工业应用	中国石化技术发明奖	三等奖	2010
8	可激光打标用塑料的开发应用	中国石化技术发明奖	三等奖	2010
9	高阻尼特殊结构合成橡胶品种的研制及应用	中国石化技术发明奖	一等奖	2012
10	新的球形载体制备及相应的催化剂技术	中国石化技术发明奖	三等奖	2012
11	新型内给电子体及聚丙烯催化剂技术	中国石化技术发明奖	一等奖	2013
12	长余辉发光热塑性树脂的研究和制备	中国石化技术发明奖	三等奖	2013
13	具有超高活性的高性能聚丙烯 HA 催化剂的开发	中国石化技术发明奖	一等奖	2014
14	直接聚合法高熔体强度聚丙烯技术开发及应用	中国石化技术发明奖	二等奖	2014
15	双向拉伸聚乳酸膜的研究及制备	中国石化技术发明奖	三等奖	2014
16	乙烯氧化制环氧乙烷高选择性银催化剂技术	中国石化技术发明奖	一等奖	2015
17	新型抗菌材料开发及推广	中国石化技术发明奖	三等奖	2015
18	原位涂层抑制结焦技术工业试验	中国石化技术发明奖	一等奖	2016
19	新型乙烯淤浆聚合催化剂技术	中国石化技术发明奖	二等奖	2016

续表

序号	成果名称	奖励种类	等级	时间
20	高活性低衰减的高性能聚丙烯 BCZ 催化剂开发	中国石化技术发明奖	三等奖	2016
21	新型高效厌氧反应器及生物膨胀床技术开发	中国石化技术发明奖	三等奖	2016
22	BC-H-0B 碳三催化剂工业应用试验	中国石化技术发明奖	二等奖	2017
23	多级多效膜蒸馏深度处理高含盐污水关键材料与技术	中国石化技术发明奖	二等奖	2017
24	丁基橡胶分子调控机制及工业化生产关键技术开发	中国石化技术发明奖	二等奖	2018
25	双向拉伸聚乙烯专用树脂的分子链结构调控及关键技术研究	中国石化技术发明奖	三等奖	2018
26	官能化溶聚丁苯橡胶分子结构功能化机制及关键技术开发	中国石化技术发明奖	一等奖	2019
27	含异戊二烯共聚物的选择性高效催化体系的制备及工业应用	中国石化技术发明奖	二等奖	2019
28	新型大型化两程分支变径炉管乙烯裂解炉	中国石化技术发明奖	三等奖	2019
29	高品质树脂增韧用低顺橡胶关键技术开发及应用	中国石化技术发明奖	一等奖	2020
30	高性能有机气体分离膜及膜法 VOCs 回收处理成套技术开发	中国石化技术发明奖	二等奖	2020
31	钛键桥联新型结构多组分载体催化剂技术开发与应用	中国石化技术发明奖	二等奖	2021
32	高分散碳三液相加氢催化剂及其专家控制系统开发和应用	中国石化技术发明奖	二等奖	2022
33	土壤持久性石油烃污染物高效微生物修复技术研究	中国石化技术发明奖	三等奖	2022
34	新型耐划伤低散发长寿命聚丙烯关键制备技术及工业应用	中国石化技术发明奖	三等奖	2022

（三）中国石化前瞻性基础性研究科学奖

序号	成果名称	奖励种类	等级	时间
1	生物可降解脂肪芳香共聚酯的合成技术	中国石化前瞻性基础性研究科学奖	三等奖	2013
2	超细橡胶粒子的纳米尺度效应及其机理	中国石化前瞻性基础性研究科学奖	三等奖	2013
3	具有全新组成和结构的球形载体材料及在聚烯烃催化剂中的应用	中国石化前瞻性基础性研究科学奖	二等奖	2014
4	均相乳液固化成形新型钛系聚乙烯催化剂	中国石化前瞻性基础性研究科学奖	一等奖	2015
5	新型铁系催化剂及在乙烯齐聚制 α- 烯烃中的应用	中国石化前瞻性基础性研究科学奖	二等奖	2015
6	新型 JS1 系列内给电子体化合物及其合成技术	中国石化前瞻性基础性研究科学奖	三等奖	2015
7	聚丙烯微孔材料制备机理及关键技术开发	中国石化前瞻性基础性研究科学奖	三等奖	2016
8	新型抗静电材料结构调控原理与制备技术	中国石化前瞻性基础性研究科学奖	一等奖	2017
9	ZN 催化剂分子结构功能化机制及其分析技术	中国石化前瞻性基础性研究科学奖	三等奖	2017
10	合成树脂绿色环保性能评价技术	中国石化前瞻性基础性研究科学奖	三等奖	2017
11	聚合物及碳作为连续相的负载型催化剂的制备及应用	中国石化前瞻性基础性研究科学奖	二等奖	2018
12	内给电子体化合物异构体对聚丙烯催化剂性能的影响及原理	中国石化前瞻性基础性研究科学奖	三等奖	2018
13	淤浆聚乙烯催化剂成形机理	中国石化前瞻性基础性研究科学奖	三等奖	2018
14	聚合物分离膜分子结构调控与结构性能研究	中国石化前瞻性基础性研究科学奖	二等奖	2019
15	聚乳酸长支链拓扑结构调控和性能研究	中国石化前瞻性基础性研究科学奖	三等奖	2019

续表

序号	成果名称	奖励种类	等级	时间
16	应力作用下聚烯烃微观结构演变与性能响应关系	中国石化前瞻性基础性研究科学奖	三等奖	2019
17	共单体对烯烃共聚物微结构影响及相关聚合机理探究	中国石化前瞻性基础性研究科学奖	二等奖	2020
18	化学结构、结晶特性与聚酰胺光刺激响应关系研究	中国石化前瞻性基础性研究科学奖	三等奖	2020
19	新型耐温抗盐驱油聚合物的分子构筑与合成技术	中国石化前瞻性基础性研究科学奖	三等奖	2021
20	抗冲聚丙烯多尺度凝聚态结构的形成机理及调控	中国石化前瞻性基础性研究科学奖	三等奖	2021
21	新型光致发光聚合物的创制及应用	中国石化前瞻性基础性研究科学奖	二等奖	2022

（四）其他省部级奖

序号	成果名称	奖励种类	等级	时间
1	在小型乙烯装置上采用带液膨胀机回收烯烃及节能的工业装置试验	镇江市科学技术进步奖	二等奖	1985
2	在小型乙烯装置上采用带液膨胀机回收烯烃及节能工业装置试验	江苏省科技进步奖	三等奖	1985
3	华北地区用 BH-Ⅱ型塑料窗的研制	化学工业部科学技术进步奖	二等奖	1986
4	环氧乙烷皂化废水处理试验性生产装置	中国轻工业部科技进步奖	二等奖	1986
5	环氧化合物生产废水处理	环保科技进步奖	二等奖	1986
6	还原 RS 染料碱熔生产过程计算机控制	化学工业部科学技术进步奖	三等奖	1986
7	彩电用阻燃聚丙烯 FPM-10 品种	化学工业部科学技术进步奖	三等奖	1986
8	莫诺泵 B15/1.5-Ⅰ型	化学工业部科学技术进步奖	三等奖	1986

续表

序号	成果名称	奖励种类	等级	时间
9	在小型乙烯装置上采用带液膨胀机回收烯烃及节能工业装置	化学工业部科学技术进步奖	三等奖	1986
10	《石油化工》	化学工业部科学技术进步奖	三等奖	1986
11	碳三馏分液相加氢新催化剂化和新工艺技术开发	化学工业部科学技术进步奖	一等奖	1987
12	CDD-1 化工工艺设计微机绘图系统的研制	化学工业部科学技术进步奖	三等奖	1987
13	工业丙酮、工业正丁醇国家标准	化学工业部科学技术进步奖	三等奖	1987
14	工业甲醇国家标准	化学工业部科学技术进步奖	三等奖	1987
15	苯氧化制顺丁烯二酸酐 BC-114 催化剂的研究与工业应用	化学工业部科学技术进步奖	三等奖	1987
16	溶解乙炔标准 GB 6819—86	化学工业部科学技术进步奖	二等奖	1988
17	丙酮氢氨化合成异丙胺	化学工业部科学技术进步奖	二等奖	1988
18	大型精密仪器科学管理的研究	中国科学院科学技术进步奖	三等奖	1988
19	卫生巾用热熔胶	化学工业部科学技术进步奖	三等奖	1988
20	氯化氢中乙炔加氢催化剂扩大制备及应用	化学工业部科学技术进步奖	三等奖	1988
21	化工产品中水分含量的测定标准 GB 628—86，GB 266—86	化学工业部科学技术进步奖	三等奖	1988
22	TPO 防水卷材及其配套黏结剂的研制与应用	北京市人民政府科学技术进步奖	三等奖	1988
23	二苯醚 ZBG 17005—87	化学工业部科学技术进步奖	三等奖	1989

续表

序号	成果名称	奖励种类	等级	时间
24	塑料合金及高分子材料在汽车、家用电器工业中的应用调研报告	化学工业部科学技术进步奖	三等奖	1989
25	碳三馏分液相加氢新工艺和催化剂	首届北京国际博览会组织委员会	金牌奖	1989
26	空气法乙烯氧氯化制二氯乙烷催化剂	首届北京国际博览会组织委员会	银牌奖	1989
27	阻燃聚丙烯树脂	首届北京国际博览会组织委员会	铜牌奖	1989
28	电石发气量测定装置	丹东市人民政府	三等奖	1990
29	DMC 阳离子聚丙烯酰胺	化学工业部科学技术进步奖	三等奖	1990
30	圆铜杆热轧乳化油的研制	化学工业部科学技术进步奖	三等奖	1990
31	工业三聚氰胺 GB 9567—88	化学工业部科学技术进步奖	三等奖	1990
32	木薯 α- 淀粉中间试验	化学工业部科学技术进步奖	三等奖	1990
33	空气法乙烯氧氯化制二氯乙烷催化剂	全国科研新技术新产品展销中心	金奖	1990
34	碳三馏分液相加氢新工艺和催化剂	全国科研新技术新产品展销中心	金奖	1990
35	高硬度工业冷却水处理技术	北京市科协科技协作项目优秀奖		1990
36	电石 GB 10665—89	化学工业部科学技术进步奖	二等奖	1991
37	丙烯脱氧催化剂	化学工业部科学技术进步奖	二等奖	1991
38	AM-DMC 共聚阳离子型聚丙烯酰氨的研制	农业部科学技术进步奖	三等奖	1991
39	涂敷法制作质谱场解吸发射丝的机理及性能研究	化学工业部科学技术进步奖	三等奖	1991

续表

序号	成果名称	奖励种类	等级	时间
40	分散染料多品种生产过程计算机控制系统	化学工业部科学技术进步奖	三等奖	1991
41	工业磺胺 ZGB 17018—89	化学工业部科学技术进步奖	三等奖	1991
42	年产五千吨邻二甲苯法制苯酐六十克生产装置	化学工业部科学技术进步奖	一等奖	1992
43	乙丙橡胶市场供需科技开发概况及预测	化学工业部科技情报成果奖	二等奖	1992
44	BC-2-008 合成气脱氧催化剂	化学工业部科学技术进步奖	二等奖	1992
45	工业冰乙酸及工业乙酸酐 GB 1628 10668—89	国家技术监督局科学技术进步奖	三等奖	1992
46	饲料涂加剂氯化胆碱 GB 10818—89	国家技术监督局科学技术进步奖	三等奖	1992
47	工业氯乙酸 ZB G17 024—90	化学工业部科学技术进步奖	三等奖	1992
48	IHG 系列新型化工用泵	化学工业部科学技术进步奖	三等奖	1992
49	寒区住宅用双玻璃塑料窗研制开发及应用	化学工业部科学技术进步奖	三等奖	1992
50	食品添加剂吗啉脂肪酸盐果蜡 GB 12488～12489—90	国家技术监督局科学技术进步奖	四等奖	1992
51	CBL 型乙烯裂解炉	化学工业部优秀项目（课题）奖		1992
52	氯乙烯 - 聚丙烯酸酯接枝共聚树脂开发	化学工业部七五科技攻关奖		1992
53	水稻叶色诊断法追施氮肥的研究与应用	农业部科学技术进步奖	二等奖	1993
54	化工科技管理信息系统（KJS-MIS）	化学工业部科学技术进步奖	三等奖	1993

续表

序号	成果名称	奖励种类	等级	时间
55	超韧尼龙研究	化学工业部科学技术进步奖	三等奖	1993
56	夏利轿车保险杠专用料（APB-121）	化学工业部科学技术进步奖	三等奖	1993
57	食品添加剂乙基麦芽酚 GB 12487—90	国家技术监督局科学技术进步奖	四等奖	1993
58	表面物理在金属氧化物实用催化剂研究上的应用	中国科学院自然科学奖	二等奖	1994
59	汽车用高分子合成材料的对策研究	化学工业部科学技术进步奖	二等奖	1994
60	硬质聚氨酯泡沫塑料 HE-0402	化学工业部科学技术进步奖	二等奖	1994
61	CJX 型共聚阳离子聚丙烯酰胺干粉	江苏省乡镇企业管理局科学技术进步奖	三等奖	1994
62	工业已内酰胺及其试验方法 GB 1254—91，GB/T 1255.1-8—91	国家技术监督局科学技术进步奖	三等奖	1994
63	染料还原兰 RS 碱熔生产过程多反应装置计算机综合控制系统	化学工业部科学技术进步奖	三等奖	1994
64	工业 1- 苯基 -- 甲基 -5- 吡唑酮行业标准	化学工业部科学技术进步奖	三等奖	1994
65	工业合成乙醇 GB 6820—92	国家技术监督局科学技术进步奖	四等奖	1994
66	量热式高压气体质量流量计及控制仪	化学工业部科学技术进步奖	二等奖	1995
67	二甘醇制吗啉成套技术	化学工业部科学技术进步奖	二等奖	1995
68	《甲酸与草酸通讯》	化学工业部科学技术进步奖	三等奖	1995
69	环氧丙烷及其衍生物	化学工业部科学技术进步奖	三等奖	1995

续表

序号	成果名称	奖励种类	等级	时间
70	乙醛醋酸及其衍生物	化学工业部科学技术进步奖	三等奖	1995
71	工业用环氧丙烷 GB/T 1491—9	化学工业部科学技术进步奖	三等奖	1995
72	工业硝基甲烷 HG201—91	化学工业部科学技术进步奖	三等奖	1995
73	工业辛醇（2- 乙基已醇）GB/T 6818—9	化学工业部科学技术进步奖	三等奖	1995
74	桑塔纳轿车保险杠专用料（APB-12）	化学工业部科学技术进步奖	二等奖	1996
75	*γ*- 丁丙酯甲胺（氨）化制 *N*- 甲基吡咯烷酮（*α*- 吡咯烷酮）成套技术	化学工业部科学技术进步奖	二等奖	1996
76	食品添加剂酒石酸 GB 1558—94	化学工业部科学技术进步奖	三等奖	1996
77	工业对氯苯酚 HG/T 2544—9	化学工业部科学技术进步奖	三等奖	1996
78	燃气介质对聚乙烯输送管材质的影响研究及其应用	化学工业部科学技术进步奖	三等奖	1996
79	工业溴乙烷 HG/T 2560—94	化学工业部科学技术进步奖	三等奖	1996
80	工业氯化甲烷 GB 4117-4119—92	国家技术监督局科学技术进步奖	四等奖	1996
81	埋地式电力电缆保护管 MDGΦ150 Φ175 Φ200	上海市优秀新产品	二等奖	1997
82	系列数字精密质量流量计（DMF-1)	化学工业部科学技术进步奖	二等奖	1997
83	合成甲基异丙基酮工业试验	化学工业部科学技术进步奖	二等奖	1997
84	短切碳纤维增强热塑性复合材料及制品开发	化学工业部八五科技攻关奖		1997

续表

序号	成果名称	奖励种类	等级	时间
85	埋地式聚氯乙烯高压电力电缆保护套管	上海市科学技术进步奖	三等奖	1998
86	国防化工科研管理系统	化工部化工优秀情报信息奖	三等奖	1998
87	聚合物共聚物分散粒径定量预测的研究	石油和化学工业局自然科学奖	三等奖	1998
88	新型合成氨装置余压能量回收技术研究	化学工业部科技进步奖	三等奖	1998
89	聚合物共混物分散相粒径定量预测的研究	国家石油化学工业局自然科学奖	三等奖	1998
90	工业环己胺 HG/T 2816—1996	石化局科技进步奖	三等奖	1999
91	铝多孔表面高热通量传热管	中国发明协会	金牌奖	1999
92	聚乙烯高效载体催化剂	中国发明协会	金牌奖	1999
93	碳三馏分液相加氢新催化剂和新工艺	中国发明协会	金牌奖	1999
94	用于烯烃聚合和共聚合的催化剂体系	中国发明协会	金牌奖	1999
95	涂覆式阻燃密目立网	国家经贸委安全科学技术进步奖	三等奖	2000
96	顺丁烯二酸酐催化剂及应用	香港国际发明展览会	银奖	2000
97	烯烃聚合用（DQ-1）球型催化剂	香港国际发明展览会	银奖	2000
98	单烯烃中炔烃和二烯烃的催化选择加氢	香港国际发明展览会	银奖	2000
99	生产过程节水减污技术及设备研究	中国石油和化学工业联合会科技进步奖	二等奖	2001
100	烯烃聚合用（DQ-1）球形催化剂	中国发明协会	金奖	2001
101	改进的 *N*-甲基吡咯烷酮及 α- 吡咯烷酮的生产方法	中国发明协会	金奖	2001
102	液态烃脱砷催化剂及其制备方法	中国发明协会	银奖	2001
103	顺丁烯二酸酐催化剂及应用	中国发明协会	银奖	2001
104	10 万 t/a 大型裂解炉的开发项目	国家经贸委技术创新优秀奖		2001
105	数字式科氏质量流量计的创新研制与开发	北京市科学技术奖	二等奖	2002

续表

序号	成果名称	奖励种类	等级	时间
106	国际化学品安全卡网络数据库查询系统	国家安全生产监督管理局科技成果奖	三等奖	2003
107	高压气体质量流量在线鉴测检定装置的研制	北京市科学技术奖	二等奖	2004
108	纳米技术制备 PET 合金材料的开发及应用	中国石油和化学工业联合会科技进步奖	三等奖	2011
109	新型中等选择性银催化剂的研究开发和工业应用	中国石油和化学工业联合会科技进步奖	一等奖	2012
110	高浓缩倍数循环水处理成套技术	中国石油和化学工业联合会技术发明奖	二等奖	2012
111	炼油废水深度处理和回用技术	中国石油和化学工业联合会技术发明奖	三等奖	2012
112	聚丙烯釜内合金开发及工业应用	中国石油和化学工业联合会科技进步奖	一等奖	2013
113	工业循环冷却水污垢和腐蚀产物及相关水质分析系列标准	中国石油和化学工业联合会科技进步奖	三等奖	2014
114	聚烯烃管材挤出工艺及相关技术的研究与应用	中国石油和化学工业联合会科技进步奖	三等奖	2014
115	聚碳酸酯（PC）高性能合金的研究开发应用	中国石油和化学工业联合会科技进步奖	三等奖	2014
116	采用油吸收分离炼厂催化干气的方法	中国循环经济专利奖	一等奖	2015
117	新型反渗透膜阻垢剂及清洗技术	中国石油和化学工业联合会技术发明奖	三等奖	2015
118	膜蒸馏深度处理高含盐污水关键材料与技术	中国石油和化学工业联合会技术发明奖	三等奖	2015
119	基于高效复合成核剂的高刚性聚丙烯制备关键技术开发与应用	中国石油和化学工业联合会科技进步奖	一等奖	2016
120	聚丙烯烟膜专用料的开发	广东省科技进步奖	二等奖	2016
121	浅冷油吸收法回收炼厂干气成套技术	循环经济协会科技进步奖	二等奖	2016

续表

序号	成果名称	奖励种类	等级	时间
122	乙烯裂解炉强化传热技术的开发及推广应用	循环经济协会科技进步奖	二等奖	2016
123	己烯-1共聚聚乙烯专用树脂的技术开发及工业化应用	中国石油和化学工业联合会科技进步奖	二等奖	2016
124	石油化工及煤化工中微量杂质分析技术开发及微量杂质对聚烯烃生产的影响规律	中国石油和化学工业联合会科技进步奖	三等奖	2016
125	4项有机化工产品产品试验方法系列国家标准的建立	中国石油和化学工业联合会科技进步奖	三等奖	2016
126	石化企业水资源系统集成优化技术	中国石油和化学工业联合会科技进步奖	三等奖	2016
127	物料泄漏循环水系统处理技术	中国石油和化学工业联合会技术发明奖	三等奖	2016
128	炼厂 C_4～C_8 烯烃制丙烯催化剂及应用	中国石油和化学工业联合会科技进步奖	三等奖	2018
129	高性能聚丙烯微孔发泡材料绿色制备过程的优化和强化	上海市科技进步奖	一等奖	2019
130	基于界面浓度场控制的银催化剂定向合成和应用研究	中国化工学会基础研究成果奖	一等奖	2019
131	新型乙烯淤浆聚合工艺的高性能催化剂技术开发	中国化工学会技术发明奖	二等奖	2019
132	炼厂干气回收利用成套技术开发	中国石油和化学工业联合会科技进步奖	二等奖	2019
133	新型绿色环保制冷剂系列国家标准的研制	中国石油和化学工业联合会科技进步奖	二等奖	2019
134	满足多维加工的缓释长效抗菌树脂产业化关键技术研究及开发	中国石油和化学工业联合会技术发明奖	三等奖	2019
135	高性能电解质膜材料的关键制备技术及其应用	中国石油和化学工业联合会科技进步奖	三等奖	2019
136	绿色高效百万吨级乙烯成套技术开发及工业应用	中国石油和化学工业联合会科技进步奖	特等奖	2019

续表

序号	成果名称	奖励种类	等级	时间
137	安全节油型绿色轮胎用官能化溶聚丁苯橡胶结构功能化设计及产业化	中国石油和化学工业联合会技术发明奖	一等奖	2020
138	新能源汽车关键材料及部件测试表征解决方案及应用推广	中国分析测试协会科学技术奖（CAIA 奖）	二等奖	2020
139	制备长支链聚乙烯用催化剂技术研究开发	中国化工学会基础研究成果奖	二等奖	2020
140	10 万 t/a 抗菌聚丙烯树脂工业化关键性技术开发及应用	中国化工学会科技进步奖	二等奖	2020
141	多功能聚烯烃树脂成核剂的分子设计、产品开发及工业应用	中国石油和化学工业联合会科技进步奖	二等奖	2020
142	绿色节能釜压发泡聚丙烯材料制备关键技术及其应用	中国石油和化学工业联合会技术发明奖	二等奖	2020
143	低析出物超透聚丙烯开发及工业化	中国石油和化学工业联合会科技进步奖	三等奖	2020
144	抗粘蒸煮型流延专用聚丙烯关键技术开发及工业化	中国石油和化学工业联合会科技进步奖	三等奖	2020
145	一种丙烯 / 丁烯无规共聚物的制备方法及其应用	中国石油和化学工业联合会专利奖	专利金奖	2020
146	全氟丙烯等 7 项高端合成材料专用原料系列标准	中国石油和化学工业联合会科技进步奖	二等奖	2021
147	共单体及其与催化剂的协同效应对烯烃共聚物微观结构的影响	中国化工学会基础研究成果奖	二等奖	2021
148	新型多孔球形介孔硅胶复合材料	熠星大赛	二等奖	2021
149	介孔非贵金属基功能材料的构筑及其在能源储存与转换方面的应用	中国石油和化学工业联合会科技进步奖	三等奖	2021
150	流延膜用乙烯 / 丙烯 /1- 丁烯共聚烯烃关键技术开发及工业化	中国石油和化学工业联合会科技进步奖	三等奖	2021
151	ISO 试样注塑标准修订和方法研究及其应用推广	中国化工学会科技进步奖	三等奖	2021
152	OLED 用绿色磷光材料应用技术开发	熠星大赛	三等奖	2021
153	污水动态膜生物反应器处理关键技术及应用	华夏建设科学技术奖	一等奖	2022

续表

序号	成果名称	奖励种类	等级	时间
154	绿色环保轻量化车用聚丙烯关键技术及工业应用	中国石油和化学工业联合会科技进步奖	一等奖	2022
155	新型双向拉伸聚乙烯薄膜专用树脂分子结构调控及工业化	中国化工学会技术发明奖	一等奖	2022
156	脱除燃料电池用氢气中碳氧化物的低温催化剂技术	青岛市技术发明奖	二等奖	2022
157	基于高性能性配位聚合催化剂开发绿色多功能聚丙烯关键技术	河南省科学技术进步奖	二等奖	2022
158	绿色高性能釜压发泡用聚丙烯关键技术开发及产业化	中国石油和化学工业联合会科技进步奖	二等奖	2022
159	新型高效银催化剂的设计开发与应用	中国石油和化学工业联合会科技进步奖	三等奖	2022
160	三次采油耐温抗盐驱油聚合物的分子构筑与性能研究	中国化工学会基础研究成果奖	三等奖	2022
161	非均相臭氧氧化催化剂制备及应用研究	中国化工学会科技进步奖	三等奖	2022
162	多级孔无机分子筛材料的绿色高效制备关键技术及应用	中国化工学会科技进步奖	三等奖	2022
163	ZL20101015279.0 用于烯烃聚合的催化剂组分及其制备方法	中国石油和化学工业联合会专利奖	专利优秀奖	2022

索　引

（一）成果等级索引

序号	成果等级	获奖等级	成果名称	页码
1. 国家科技进步奖 1 项				
1	国家科技进步奖	一等奖	复杂原料百万吨乙烯成套技术研发及工业应用	69
2. 中国石化科技进步奖 42 项				
1	中国石化科技进步奖	特等奖	功能性高分子膜材料关键技术攻关	82
2	中国石化科技进步奖	特等奖	绿色环保汽车轻量化材料技术开发与应用	117
3	中国石化科技进步奖	一等奖	高附加值合成树脂关键技术开发及应用	43
4	中国石化科技进步奖	一等奖	新型高性能乙烯淤浆聚合 BCL-100 催化剂技术开发及应用	46
5	中国石化科技进步奖	一等奖	20 万吨 / 年精环氧乙烷成套技术开发与工业应用	120
6	中国石化科技进步奖	一等奖	高浓气田采出水低成本深度处理资源化成套技术	169
7	中国石化科技进步奖	一等奖	新型乙烯齐聚制线性 α- 烯烃技术开发与工业应用	167
8	中国石化科技进步奖	一等奖	煤化工高盐废水零排放与资源化利用成套技术	122
9	中国石化科技进步奖	二等奖	YS-9010 银催化剂的工业开发及应用	11
10	中国石化科技进步奖	二等奖	低滚阻高耐磨轮胎胎面用溶聚丁苯橡胶工业技术开发及推广应用	19

续表

序号	成果等级	获奖等级	成果名称	页码
11	中国石化科技进步奖	二等奖	高效节能碳二回收成套技术开发	13
12	中国石化科技进步奖	二等奖	两项熔融色度 ASTM 标准制修订	15
13	中国石化科技进步奖	二等奖	高温丙烯聚合技术及产品开发	52
14	中国石化科技进步奖	二等奖	有机超滤膜开发与工业应用	49
15	中国石化科技进步奖	二等奖	AEB 反硝化处理合成气制乙二醇高硝氮废水	87
16	中国石化科技进步奖	二等奖	高活性自适应氢调性催化剂开发及在系列高刚性聚丙烯开发中的应用	89
17	中国石化科技进步奖	二等奖	河南油田高温油藏化学驱提高采收率技术	92
18	中国石化科技进步奖	二等奖	环保型高刚高韧聚丙烯树脂开发	85
19	中国石化科技进步奖	二等奖	催化裂化废催化剂、树脂不合格品环境危害特性分析技术及应用	127
20	中国石化科技进步奖	二等奖	丁二烯尾气选择加氢成套技术	131
21	中国石化科技进步奖	二等奖	高光泽抗冲聚丙烯技术开发	129
22	中国石化科技进步奖	二等奖	高效降阻可回用滑溜水压裂液及规模化应用	125
23	中国石化科技进步奖	二等奖	CM 催化剂技术开发及工业应用	171
24	中国石化科技进步奖	二等奖	绿色化超高模量聚丙烯树脂的开发及应用	173
25	中国石化科技进步奖	二等奖	双酚 A 先进评价方法及 ASTM 系列标准的建立	175
26	中国石化科技进步奖	三等奖	PE 管材专用料耐慢速开裂性能快速评价技术	21
27	中国石化科技进步奖	三等奖	聚丙烯制品收缩变形研究及低翘曲高韧树脂工业技术开发	17
28	中国石化科技进步奖	三等奖	胜利油田稠油采出液集输成套处理技术研究及应用	23
29	中国石化科技进步奖	三等奖	石化企业废水及循环水中 VOCs 组学研究与应用	25

续表

序号	成果等级	获奖等级	成果名称	页码
30	中国石化科技进步奖	三等奖	中国石化合成树脂产品质量稳定性评价体系建立及应用推广	27
31	中国石化科技进步奖	三等奖	功能性聚丙烯吹塑薄膜的可控制备技术	58
32	中国石化科技进步奖	三等奖	聚乙烯大口径压力管材残余应力评价技术	54
33	中国石化科技进步奖	三等奖	双功能 BCNA-30 复合成核剂的开发及应用	56
34	中国石化科技进步奖	三等奖	丙酮加氢制异丙醇催化剂的研发及工业应用	94
35	中国石化科技进步奖	三等奖	新型绿色健康小中空树脂技术的开发	96
36	中国石化科技进步奖	三等奖	C_3 ～ C_9 微量杂质在线分析系统及应用	140
37	中国石化科技进步奖	三等奖	车用高性能聚丙烯树脂开发	138
38	中国石化科技进步奖	三等奖	高刚聚丙烯排水管道系统寿命预测	136
39	中国石化科技进步奖	三等奖	新型专用 BCE-C300 催化剂技术开发及应用	134
40	中国石化科技进步奖	三等奖	循环水处理效果监控方法系列标准	142
41	中国石化科技进步奖	三等奖	抗黏蒸煮型流延膜专用聚丙烯关键技术开发及工业化	177
42	中国石化科技进步奖	三等奖	污水高比例回用于循环水无磷低磷处理技术	179

3. 中国石化技术发明奖 9 项

1	中国石化技术发明奖	一等奖	官能化溶聚丁苯橡胶分子结构功能化机制及关键技术开发	38
2	中国石化技术发明奖	一等奖	高品质树脂增韧用低顺橡胶关键技术开发及应用	77
3	中国石化技术发明奖	二等奖	丁基橡胶分子调控机制及工业化生产关键技术开发	9
4	中国石化技术发明奖	二等奖	高性能有机气体分离膜制备及膜法 VOCs 回收处理成套技术开发	79

续表

序号	成果等级	获奖等级	成果名称	页码
5	中国石化技术发明奖	二等奖	高分散碳三液相加氢催化剂及其专家控制系统开发和应用	159
6	中国石化技术发明奖	二等奖	钛键桥联新型结构多组分载体催化剂技术开发与应用	115
7	中国石化技术发明奖	三等奖	新型大型化两程分支变径炉管乙烯裂解炉	41
8	中国石化技术发明奖	三等奖	土壤持久性石油烃污染物高效微生物修复技术研究	162
9	中国石化技术发明奖	三等奖	新型耐划伤低散发长寿命聚丙烯关键制备技术及工业应用	165
4. 中国石化前瞻性基础性研究科学奖 11 项				
1	中国石化前瞻性基础性研究科学奖	二等奖	聚合物及碳作为连续相的负载型催化剂的制备及应用	3
2	中国石化前瞻性基础性研究科学奖	二等奖	聚合物分离膜分子结构调控与结构性能研究	31
3	中国石化前瞻性基础性研究科学奖	二等奖	共单体对烯烃共聚物微结构影响及相关聚合机理探究	72
4	中国石化前瞻性基础性研究科学奖	二等奖	新型光致发光聚合物的创制及应用	157
5	中国石化前瞻性基础性研究科学奖	三等奖	内给电子体化合物异构体对聚丙烯催化剂性能的影响及原理	5
6	中国石化前瞻性基础性研究科学奖	三等奖	淤浆聚乙烯催化剂成形机理	7
7	中国石化前瞻性基础性研究科学奖	三等奖	聚乳酸长支链拓扑结构调控和性能研究	36
8	中国石化前瞻性基础性研究科学奖	三等奖	应力作用下聚烯烃微观结构演变与性能响应关系	34
9	中国石化前瞻性基础性研究科学奖	三等奖	化学结构、结晶特性与聚酰胺光刺激响应关系研究	74
10	中国石化前瞻性基础性研究科学奖	三等奖	抗冲聚丙烯多尺度凝聚态结构的形成机理及调控	113

续表

序号	成果等级	获奖等级	成果名称	页码
11	中国石化前瞻性基础性研究科学奖	三等奖	新型耐温抗盐驱油聚合物的分子构筑与合成技术	111

5. 中国石油和化学工业联合会科技进步奖 6 项

1	中国石油和化学工业联合会科技进步奖	一等奖	绿色环保轻量化车用聚丙烯关键技术及工业应用	181
2	中国石油和化学工业联合会科技进步奖	二等奖	炼厂干气回收利用成套技术开发	65
3	中国石油和化学工业联合会科技进步奖	二等奖	全氟丙烯等 7 项高端合成材料专用原料系列标准	144
4	中国石油和化学工业联合会科技进步奖	三等奖	低析出物超透聚丙烯开发及工业化	100
5	中国石油和化学工业联合会科技进步奖	三等奖	流延膜用乙烯 / 丙烯 /1- 丁烯共聚烯烃关键技术开发及工业化	147
6	中国石油和化学工业联合会科技进步奖	三等奖	新型高效银催化剂的设计开发与应用	184

6. 中国石油和化学工业联合会技术发明奖 2 项

1	中国石油和化学工业联合会技术发明奖	二等奖	绿色节能釜压发泡聚丙烯材料制备关键技术及其应用	98
2	中国石油和化学工业联合会技术发明奖	三等奖	满足多维加工的缓释长效抗菌树脂产业化关键技术研究及开发	62

7. 中国化工学会科技进步奖 3 项

1	中国化工学会科技进步奖	二等奖	10 万 t/a 抗菌聚丙烯树脂工业化关键性技术开发及应用	104
2	中国化工学会科技进步奖	三等奖	ISO 试样注塑标准修订和方法研究及其应用推广	151
3	中国化工学会科技进步奖	三等奖	非均相臭氧氧化催化剂制备及应用研究	188

8. 中国化工学会技术发明奖 1 项

1	中国化工学会技术发明奖	一等奖	新型双向拉伸聚乙烯薄膜专用树脂分子结构调控及工业化	186

续表

序号	成果等级	获奖等级	成果名称	页码
9. 中国化工学会基础研究成果奖 3 项				
1	中国化工学会基础研究成果奖	一等奖	基于界面浓度场控制的银催化剂定向合成和应用研究	60
2	中国化工学会基础研究成果奖	二等奖	制备长支链聚乙烯用催化剂技术研究开发	102
3	中国化工学会基础研究成果奖	二等奖	共单体及其与催化剂的协同效应对烯烃共聚物微观结构的影响	149
10. 中国分析测试协会科学技术奖（CAIA）1 项				
1	中国分析测试协会科学技术奖（CAIA）	二等奖	新能源汽车关键材料及部件测试表征解决方案及应用推广	106

（二）获奖成果领域索引

	成果名称	成果等级	获奖等级	获奖年度	页码
乙烯技术 5 项					
1	高效节能碳二回收成套技术开发	中国石化科技进步奖	二等奖	2018	13
2	新型大型化两程分支变径炉管乙烯裂解炉	中国石化技术发明奖	三等奖	2019	41
3	炼厂干气回收利用成套技术开发	中国石油和化学工业联合会科技进步奖	二等奖	2019	65
4	复杂原料百万吨乙烯成套技术研发及工业应用	国家科技进步奖	一等奖	2020	69
5	丁二烯尾气选择加氢成套技术	中国石化科技进步奖	二等奖	2021	131
催化科学与工程 15 项					
1	聚合物及碳作为连续相的负载型催化剂的制备及应用	中国石化前瞻性基础性研究科学奖	二等奖	2018	3
2	内给电子体化合物异构体对聚丙烯催化剂性能的影响及原理	中国石化前瞻性基础性研究科学奖	三等奖	2018	5

续表

	成果名称	成果等级	获奖等级	获奖年度	页码
3	淤浆聚乙烯催化剂成形机理	中国石化前瞻性基础性研究科学奖	三等奖	2018	7
4	YS-9010 银催化剂的工业开发及应用	中国石化科技进步奖	二等奖	2018	11
5	新型高性能乙烯淤浆聚合 BCL-100 催化剂技术开发及应用	中国石化科技进步奖	一等奖	2019	46
6	基于界面浓度场控制的银催化剂定向合成和应用研究	中国化工学会科学技术奖基础研究成果奖	一等奖	2019	60
7	高活性自适应氢调性催化剂开发及在系列高刚性聚丙烯开发中的应用	中国石化科技进步奖	二等奖	2020	89
8	丙酮加氢制异丙醇催化剂的研发及工业应用	中国石化科技进步奖	三等奖	2020	94
9	制备长支链聚乙烯用催化剂技术研究开发	中国化工学会基础研究成果奖	二等奖	2020	102
10	钛键桥联新型结构多组分载体催化剂技术开发与应用	中国石化技术发明奖	二等奖	2021	115
11	新型专用 BCE-C300 催化剂技术开发及应用	中国石化科技进步奖	三等奖	2021	134
12	高分散碳三液相加氢催化剂及其专家控制系统开发和应用	中国石化技术发明奖	二等奖	2022	159
13	CM 催化剂技术开发及工业应用	中国石化科技进步奖	二等奖	2022	171
14	新型高效银催化剂的设计开发与应用	中国石油和化学工业联合会科技进步奖	三等奖	2022	184
15	非均相臭氧氧化催化剂制备及应用研究	中国化工学会科技进步奖	三等奖	2022	188
合成树脂 33 项					
1	两项熔融色度 ASTM 标准制修订	中国石化科技进步奖	二等奖	2018	15

续表

	成果名称	成果等级	获奖等级	获奖年度	页码
2	聚丙烯制品收缩变形研究及低翘曲高韧树脂工业技术开发	中国石化科技进步奖	三等奖	2018	17
3	PE 管材专用料耐慢速开裂性能快速评价技术	中国石化科技进步奖	三等奖	2018	21
4	中国石化合成树脂产品质量稳定性评价体系建立及应用推广	中国石化科技进步奖	三等奖	2018	27
5	应力作用下聚烯烃微观结构演变与性能响应关系	中国石化前瞻性基础性研究科学奖	三等奖	2019	34
6	高附加值合成树脂关键技术开发及应用	中国石化科技进步奖	一等奖	2019	42
7	高温丙烯聚合技术及产品开发	中国石化科技进步奖	二等奖	2019	52
8	聚乙烯大口径压力管材残余应力评价技术	中国石化科技进步奖	三等奖	2019	54
9	功能性聚丙烯吹塑薄膜的可控制备技术	中国石化科技进步奖	三等奖	2019	58
10	满足多维加工的缓释长效抗菌树脂产业化关键技术研究及开发	中国石油和化学工业联合会技术发明奖	三等奖	2019	62
11	共单体对烯烃共聚物微结构影响及相关聚合机理探究	中国石化前瞻性基础性研究科学奖	二等奖	2020	72
12	功能性高分子膜材料关键技术攻关	中国石化科技进步奖	特等奖	2020	82
13	环保型高刚高韧聚丙烯树脂开发	中国石化科技进步奖	二等奖	2020	85
14	新型绿色健康小中空树脂技术的开发	中国石化科技进步奖	三等奖	2020	96
15	绿色节能釜压发泡聚丙烯材料制备关键技术及其应用	中国石油和化学工业联合会技术发明奖	二等奖	2020	98
16	低析出物超透聚丙烯开发及工业化	中国石油和化学工业联合会科技进步奖	三等奖	2020	100

续表

	成果名称	成果等级	获奖等级	获奖年度	页码
17	10万t/a抗菌聚丙烯树脂工业化关键性技术开发及应用	中国化工学会科技进步奖	二等奖	2020	104
18	新能源汽车关键材料及部件测试表征解决方案及应用推广	中国分析测试协会科学技术奖（CAIA）	二等奖	2020	106
19	抗冲聚丙烯多尺度凝聚态结构的形成机理及调控	中国石化前瞻性基础性研究科学奖	三等奖	2021	113
20	绿色环保汽车轻量化材料技术开发与应用	中国石化科技进步奖	特等奖	2021	117
21	高光泽抗冲聚丙烯技术开发	中国石化科技进步奖	二等奖	2021	129
22	高刚聚丙烯排水管道系统寿命预测	中国石化科技进步奖	三等奖	2021	136
23	车用高性能聚丙烯树脂开发	中国石化科技进步奖	三等奖	2021	138
24	全氟丙烯等7项高端合成材料专用原料系列标准	中国石油和化学工业联合会科技进步奖	二等奖	2021	144
25	流延膜用乙烯/丙烯/1-丁烯共聚烯烃关键技术开发及工业化	中国石油和化学工业联合会科技进步奖	三等奖	2021	147
26	共单体及其与催化剂的协同效应对烯烃共聚物微观结构的影响	中国化工学会基础研究成果奖	二等奖	2021	149
27	ISO试样注塑标准修订和方法研究及其应用推广	中国化工学会科技进步奖	三等奖	2021	151
28	新型光致发光聚合物的创制及应用	中国石化前瞻性基础性研究科学奖	二等奖	2022	157
29	新型耐划伤低散发长寿命聚丙烯关键制备技术及工业应用	中国石化技术发明奖	三等奖	2022	165
30	绿色化超高模量聚丙烯树脂的开发及应用	中国石化科技进步奖	二等奖	2022	173
31	抗黏蒸煮型流延膜专用聚丙烯关键技术开发及工业化	中国石化科技进步奖	三等奖	2022	177

续表

	成果名称	成果等级	获奖等级	获奖年度	页码
32	绿色环保轻量化车用聚丙烯关键技术及工业应用	中国石油和化学工业联合会科技进步奖	一等奖	2022	181
33	新型双向拉伸聚乙烯薄膜专用树脂分子结构调控及工业化	中国化工学会技术发明奖	一等奖	2022	186
合成橡胶 4 项					
1	丁基橡胶分子调控机制及工业化生产关键技术开发	中国石化技术发明奖	二等奖	2018	9
2	低滚阻高耐磨轮胎胎面用溶聚丁苯橡胶工业技术开发及推广应用	中国石化科技进步奖	二等奖	2018	19
3	官能化溶聚丁苯橡胶分子结构功能化机制及关键技术开发	中国石化技术发明奖	一等奖	2019	38
4	高品质树脂增韧用低顺橡胶关键技术开发及应用	中国石化技术发明奖	一等奖	2020	77
合成纤维 2 项					
1	聚乳酸长支链拓扑结构调控和性能研究	中国石化前瞻性基础性研究科学奖	三等奖	2019	36
2	化学结构、结晶特性与聚酰胺光刺激响应关系研究	中国石化前瞻性基础性研究科学奖	三等奖	2020	74
有机与精细化工 8 项					
1	胜利油田稠油采出液集输成套处理技术研究及应用	中国石化科技进步奖	三等奖	2018	23
2	双功能 BCNA-30 复合成核剂的开发及应用	中国石化科技进步奖	三等奖	2019	56
3	河南油田高温油藏化学驱提高采收率技术	中国石化科技进步奖	二等奖	2020	92
4	新型耐温抗盐驱油聚合物的分子构筑与合成技术	中国石化前瞻性基础性研究科学奖	三等奖	2021	111

续表

	成果名称	成果等级	获奖等级	获奖年度	页码
5	20 万 t/a 精环氧乙烷成套技术开发与工业应用	中国石化科技进步奖	一等奖	2021	120
6	C_3 ～ C_9 微量杂质在线分析系统及应用	中国石化科技进步奖	三等奖	2021	140
7	新型乙烯齐聚制线性 α- 烯烃技术开发与工业应用	中国石化科技进步奖	一等奖	2022	167
8	双酚 A 先进评价方法及 ASTM 系列标准的建立	中国石化科技进步奖	二等奖	2022	175
化工环保 12 项					
1	石化企业废水及循环水中 VOCs 组学研究与应用	中国石化科技进步奖	三等奖	2018	25
2	聚合物分离膜分子结构调控与结构性能研究	中国石化前瞻性基础性研究科学奖	二等奖	2019	31
3	有机超滤膜开发与工业应用	中国石化科技进步奖	二等奖	2019	49
4	高性能有机气体分离膜制备及膜法 VOCs 回收处理成套技术开发	中国石化技术发明奖	二等奖	2020	79
5	AEB 反硝化处理合成气制乙二醇高硝氮废水	中国石化科技进步奖	二等奖	2020	87
6	煤化工高盐废水零排放与资源化利用成套技术	中国石化科技进步奖	一等奖	2021	122
7	高效降阻可回用滑溜水压裂液及规模化应用	中国石化科技进步奖	二等奖	2021	125
8	催化裂化废催化剂、树脂不合格品环境危害特性分析技术及应用	中国石化科技进步奖	二等奖	2021	127
9	循环水处理效果监控方法系列标准	中国石化科技进步奖	三等奖	2021	142
10	土壤持久性石油烃污染物高效微生物修复技术研究	中国石化技术发明奖	三等奖	2022	162

续表

	成果名称	成果等级	获奖等级	获奖年度	页码
11	高浓气田采出水低成本深度处理资源化成套技术	中国石化科技进步奖	一等奖	2022	169
12	污水高比例回用于循环水无磷低磷处理技术	中国石化科技进步奖	三等奖	2022	179